"国家自然科学基金"资助项目（NO.40271045）
"同济大学学术专著（自然科学类）出版基金"资助项目

城市势力圈的划分方法及其应用
Urban Hinterland Division Methods and Applications

王德 著

同济大学出版社

内 容 提 要

本书以城市与区域规划的传统研究对象——城市势力圈为主题,介绍该概念与城市社会经济影响力的关系,以及其在城市规划领域的应用,由理论篇和案例篇组成。理论篇介绍势力圈的基本概念和划分势力圈的方法,作者开发的 3 个版本势力圈分析系统软件的原理、功能和操作方法,以及这些软件在代表性案例中的应用成果。案例篇以势力圈分析系统软件 HAP、USAP 及 HAP. net 功能的逐步完善为线索,详细介绍其在不同规划案例中的实践应用,包括:全国省会城市势力圈研究,区域城市势力圈随时间变化情况及预测,交通因素对势力圈的影响,城市对外交通与空间发展研究及预测,城市内部商业中心规划与实际服务效能对比研究,等等。本书适合城市规划专业专家、学者和大专院校师生阅读。

图书在版编目(CIP)数据

城市势力圈的划分方法及其应用/王德著. --上海:
同济大学出版社,2017.9
ISBN 978-7-5608-6581-2

Ⅰ. ①城… Ⅱ. ①王… Ⅲ. ①城市规划－区域划分－
研究 Ⅳ. ①TU984

中国版本图书馆 CIP 数据核字(2016)第 254213 号

城市势力圈的划分方法及其应用
王德 著

策划编辑 江岱
责任编辑 罗璇
责任校对 徐春莲
封面设计 张微
出版发行 同济大学出版社 www.tongjipress.com.cn
　　　　　(地址:上海市四平路 1239 号 邮编 200092 电话:021-65985622)
经 销 全国各地新华书店
印 刷 上海安兴汇东纸业有限公司
开 本 787mm×960mm 1/16
印 张 12
字 数 240000
版 次 2017 年 9 月第 1 版 2017 年 9 月第 1 次印刷
书 号 ISBN 978-7-5608-6581-2
定 价 69.00 元

前言

　　本书是国家自然科学基金项目"城市势力圈自动划分手法的理论与应用研究"(2003.1—2005.12,批准号 40271045)的主要成果。

　　城市势力圈是城市地理学、城市与区域规划的传统研究对象,其划分方法是基于空间相互作用原理的各种模型。势力圈划分虽有可靠的方法,但由于计算量过大,在实际规划中的应用并不广泛。在计算机技术高度发达的当下,如何借助计算技术实现传统的划分法,使学术成果成为普通规划师的分析工具,是亟待解决的问题。

　　1999 年下半年,我和耿慧志老师承担浙江省上虞市城镇体系的规划,使我有机会将头脑中的诸想法付诸实施。该规划也是本科生总体规划的教学实习项目,参加实习的本科生出色的工作使我的这些想法得到了创造性的实现。其中,城市势力圈划分的计算机实现就是本科生赵锦华参加完成的成果。这一成果就是后来被大家广泛使用的工具——第一版划分软件 HAP 1.0,以及后来的升级版 USAP 1.0,两项工具的开发介绍以及应用案例已写成 2 篇论文发表在《城市规划》杂志,这大概是规划领域本科生发表论文的最高纪录了。

　　上虞市城镇体系规划中的研究成果为之后系列的研究奠定了基础。在重新审视研究的问题、意义与创新点,对未来拓展的方向、应用的框架进行了系统梳理之后,我申请到国家自然科学基金课题,随后开展后续系列研究。在解决了计算机替代人工划分的关键技术后,研究者可以集中精力开展更复杂、更有意义的研究。驻马店中心城市发展与势力圈变化研究、我国省会城市势力圈与行政边界的叠合分析都是在这种指导思想下开展的。其次,研究团队针对原有划分方法中的距离计算缺陷,用更加接近实际的交通网络距离替代直线距离,开发出了 HAP.net 版本。新的版本使势力圈划分更加准确,也使得交通网络变化与势力圈变化的互动研究成为可能。长三角高速公路建设与城市势力圈变化研究就是新方法的应用成果。

　　计算机软件的开发使得规划师拥有了便捷的分析工具。团队曾在驻马店、仙桃、锦州、韶关的规划中开展过应用分析,获得不错的评价。我也常见到其他规划项目中运用本软件分析的成果,对这款免费工具在实际规划项目中的广泛应用感到非常欣慰。

　　研究者在学术生涯的不同阶段会聚焦不同研究主题,对于我来说,回国后第一个关注的主题是势力圈划分方法与应用。本书的出版也是我这段研究时期的成果总结。

本书分为两个部分,各章主要内容及执笔者如下。

第一部分为理论篇,由前4章组成:第1章介绍势力圈的基本原理(王德);第2—4章介绍城镇势力圈分析系统3个版本软件的原理、功能及其在代表性案例中的应用(王德、赵锦华、郭洁)。

第二部分为案例篇,由第5章至第14章组成。第5章以USAP作为分析工具,划分驻马店市势力圈,研究中心城市势力圈的动态变化(王德、项曷);第6章采用HAP划分全国省会城市势力圈,并与其行政范围进行叠加分析(王德、程国辉);第7章用USAP划分沪宁杭区域城市势力圈,并考察其动态变化(王德、郭洁);第8章用HAP划分平舆县乡镇势力圈,探讨乡镇合并和行政区划调整(王德、郭洁);第9章运用USAP划分势力圈,调查分析河南省临颍县的商业吸引力(陆希刚、王德);第10章使用HAP.net划分长三角城市势力圈,并与USAP划分的势力圈进行对比,分析高速公路建设对城市势力圈的影响(郭洁、王德);第11章运用HAP研究武汉及湖北省主要城市的势力圈(王德、赵倩);第12章应用HAP.net分析上海市对外联系及城市发展方向(朱查松、王德);第13章介绍沪宁杭三市一日交流圈的研究成果(王德、刘锴、谢栋灿);第14章对上海城市中心体系进行识别,并划分势力圈(晏龙旭、王德)。最后一章成果是最近的大数据研究与势力圈划分的结合,大数据的产生为传统研究带来新的机遇,势力圈划分依然有新的课题有待研究。

本书能够顺利出版,首先要感谢课题各阶段参与研究的本科生和研究生,每一章节都是我与学生们共同合作并已在相关杂志发表的内容。其次要感谢国家自然科学基金和同济大学学术专著(自然科学类)出版基金的资助,使得研究能够坚持数年基本按计划完成,也使得研究成果能够汇总成专著出版。再次感谢参加本书出版统稿的魏超博士,他的认真工作保证了本书出版的质量和速度。

王德

2016年12月

目录

理论篇

案例篇

图目录

表目录

理论篇

1 绪论

1.1 计算机应用与势力圈研究

我国改革开放以来,城市的社会经济得到了前所未有的快速发展。城市与城市之间联系与协作不断加强的同时,各城市对势力圈的竞争也日益激烈。因此,以协调区域内不同城市之间关系,合理优化配置地区资源为目标的城市总体规划和城镇体系规划也日益受到广泛的关注。1984年公布的《城市规划条例》第一次提出,直辖市和市的总体规划应把行政区域作为统一整体,合理布置城镇体系;1989年底通过的《城市规划法》进一步明确规定,全国和各省、自治区、直辖市都要分别编制城镇体系规划,设市城市和县城的总体规划,应当包括市或县行政区域的城镇体系规划。经过多年实践,城镇体系规划工作已得到蓬勃发展,但并未建立起一套规划编制的规范体系,有关规划的内容和编制办法尚处在摸索之中。

为了使城市规划的编制更科学合理,许多学者将城市地理学中的城镇势力圈概念引入城市规划学科。实践证明:划分城镇势力圈不仅可以帮助我们把握各个城镇的空间影响范围,明确区域内不同城镇之间的相互作用关系,确定城市在区域经济发展中的地位,指导各级城镇体系规划和总体规划;同时,还能够对区域内重大基础设施的合理配套建设,确定城市的性质、发展方向提供有力依据。简而言之,城镇势力圈划分是城镇体系规划中一项重要的基础工作,它对城镇体系等级结构的现状分析与未来预测、划分城市经济区、统筹安排区域性基础设施与社会服务设施具有普遍的指导意义。

近年来,计算机的普遍应用为城镇势力圈分析系统的开发奠定了坚实的基础,为城市规划和城市研究人员提供了方便有效的工具,为划分城镇势力圈的分析工作在实际规划编制中的普遍运用提供了可能。

1.2 势力圈相关基础理论与方法

1.2.1 势力圈概念与特征

势力圈(Hinderland,最早翻译为"腹地"),源于对港口城市的研究。乔治·奇泽姆(George Chisholm)在《商业地理手册》(*Handbook of Commercial Geography*,1888)中第一次引入德语词 Hinterland(背后的土地),指港口周围的物资集散地区。20世纪初,"内陆中心城市的周边地区"开始成为地理学者研究的对象,Hinterland 开始引申用于内陆城市,与另一个德语词 Umland(周围的土地)相互混用[1]。农业区位论和工业区位论体现了城市与周边地区的产品交换关系,体现了腹地概念的基本思想。20世纪30年代,海港区位论和中心地理论明确提出了腹地的概念;20世纪50年代,腹地(Hinterland)基本定型于指内陆或港口等各类经济中心城市的附属地区[1]。

在20世纪50年代前,对腹地的研究以中心地与腹地之间相互联系的流态分析为主;50年代后,主要基于不同等级中心地辐射范围而展开,研究方法也由定性描述发展到数学模拟法。20世纪中后期,城市腹地概念逐渐完善,并形成不同的理论。"三地带"学说、增长极理论、核心—边缘理论、都市—腹地理论、世界城市理论和信息腹地理论,基本上奠定并丰富了城市腹地理论在内涵、特征、形成机理及空间形态上的理论基础。在实证研究方面,利用地理意义上非集聚性的各种人口和社会经济指数,借助计算机进行模拟来确立腹地边界,或根据聚集指数和郊区化指数来判定城市腹地范围。

国内对腹地的研究始于20世纪90年代,关注的重点是腹地范围的划分。研究方法初期主要是经验法和简单数学模型法,之后以多指标综合分析法为主。近年来,计算机技术及地理信息技术开始应用于腹地划分中[2]。本书中的城市势力圈,即为一个城市的吸引力和辐射力对城市周围地区的社会经济联系起着主导作用的地域。城市势力圈主要具备以下三方面特征:

第一,城镇影响力与城市社会经济活动影响能力成正比。通常,城市与外界的联系是以人口、物资、货币、信息等社会经济活动来体现的。这些社会经济活动总量越大,表明该城市的社会经济影响力越强,在其他条件相同的情况下,该城市对外界的影响力越大,城镇势力圈范围也越大。同时,城市与外界联系也会对自身地区产生一定的影响。

第二,城市影响力随距离增加而衰减。城市对周边地区的影响力因距离的增加而衰减。距离的这种衰减作用主要体现在两方面:一是运输费用。一般来说,运输费用随着运行距离的增加而递增,运行距离越大,城市要付出的代价越高,城市影响力的衰减作用也越明显;此外,距离越大,便捷程度相对越低,运输工具的转换次数可能也越高,中转费用的增加带来运营费用的增加,从而使城市影响力减弱。二是时间效益。在交通速度一定的情况下,距离城市越远,需要花在交通上的时间就越多,城市的影响力也越低。

第三,城市之间的影响力存在差异性,并相互影响。假如孤立地考虑城市对区域发展的影响,一个城市的影响力有可能波及非常广大的区域,但在区域内往往有许多规模大小不同的多个城市,每个城市的影响在空间上相互交错、重叠;同一区域可能同时受几个城市多方面的影响。于是,城市影响的相对性就表现出来了:在某一城市的绝对影响范围内,任何一点受该城市影响的强度都大于其他城市,这就是势力圈的含义。

城市影响力衰减曲线可以清楚地表明两个城市影响的相互作用,见图1-1。A 和 B 分别表示两个城市,两条曲线代表两市影响的空间变化,交点 O 是两市影响相等的点,AO 地域主要以 A 城市的影响为主,BO 以 B 城市的影响为主,即 AO 为 A 城市的势力圈,BO 为 B 城市的势力圈。

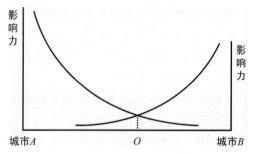

图 1-1　城市影响力及势力圈示意图

1.2.2　划分势力圈的方法

国外对于势力圈的研究起步较早,并在19世纪六七十年代成为地理学研究的热点,已形成了一套较成熟的理论和方法。但最近二十年来,国外在这个领域的研究很少。国内在该领域的研究起步较晚,20世纪80年代开始我国学者在学习国外研究成果的同时,开始对我国的城镇势力圈进行了大量的实证调查和研究。表1-1总结了我国部分学者对势力圈的研究成果及划分方法,主要包括经验法和理论法。

1. 经验法

经验法,即通过地区间人流、信息流和资金流的分析确定中心城市势力圈的方法。经验法的判断基本原则是首位对地原则。

格林(H. L. Green)曾探讨过纽约与波士顿在新英格兰南部的相互影响。他根据铁路通勤人员的流动方向、报纸发行范围、电话呼叫方向,以及公司、银行负责人的办公地点五项指标,分别测量了纽约与波士顿之间的平均边界(图1-2),即在这一条边界上纽约与波士顿的影响相同,然后综合出一条纽约和波士顿之间的模式边界。在模式边界的靠纽约一侧,纽约的影响大于波士顿;反之,在模式边界的靠波士顿一侧,波士顿的影响大于纽约。[11]

表 1-1   我国近年来关于城镇势力圈的主要研究方法

方法类别	技术指标
经验法	通过现场调查直接划分城市势力圈[3-5]
理论法	选取城区非农人口、工业总产值和专业技术人员数量三指标计算城市的中心性,并以此为基础用引力模型计算区域次级城市对上级城市的经济联系隶属度[6]
	在使用主成分分析方法计算城市综合实力的同时,引入物理学中的场强概念,通过断裂点模式划分出城市强、弱影响区范围[7]
	采用主因子分析建立城市中心性指标,并通过断裂点模式对山东省 6 个中心城市的吸引范围进行划分[8]
	对城市的 15 个经济变量进行主因子分析,计算我国各城市的城市经济影响能力,根据距离分析划分出五级区域经济中心并划分影响区,最后采用断裂点模式与实际按照省界划分的影响区对照[9]
	采用断裂点模型对首都圈进行划分,但是考虑到首都的特殊性,在模型中加入了首都政治文化可达性系数和接受程度系数[10]

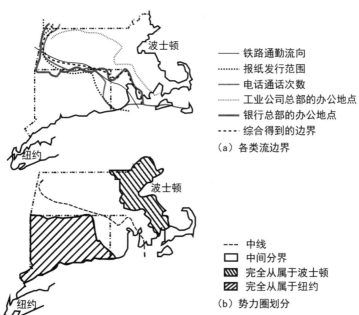

图 1-2   纽约和波士顿的势力圈边界[11]

2. 理论法

地表上任一城市都不可能孤立地存在,为了保障生产、生活的正常运行,城市之间、城市和区域之间总是不断地进行着物质、能量、人员和信息的交换。空间相互作用理论研究这些交换的规律。

理论法是从实践中抽象出来的,对空间相互作用的相关理论进行推算的方法。其基础是城市相互作用的引力模型,由此衍生出康弗斯(P. D. Converse)的断裂点、赖利(W. J. Reilly)的阿波罗尼圆和赫夫(D. L. Huff)的影响概率模式等。

1) 引力模型

引力模型(Gravity Model)是根据牛顿万有引力定律推导出来的,以城市规模因子代替物理学的质量得到两城市间的人口引力。该模型认为,两个城市间的相互作用与这两个城市的人口规模成正比,与它们之间的距离成反比。引力模型一般形式如下

$$I_{ij} = k \frac{M_i M_j}{d_{ij}^{\beta}} \tag{1-1}$$

式中　I_{ij}——城市 i 与城市 j 的相互作用;

　　　M_i——城市 i 的质量(规模);

　　　M_j——城市 j 的质量(规模);

　　　d_{ij}——城市 i 与城市 j 的距离;

　　　β——参数;

　　　k——参数。

引力模型的一个重要特点是它的基本形式保持不变,只要对参数和变量的定义作出适当的改变,就可将引力模型应用于不同的问题。引力模型可用于城市间流动现象的分析与预测,是交通量预测模型的基本形式;也可用于旅游、贸易和人口迁移等现象的定量分析。

2) 断裂点

在赖利 1931 年提出的"零售引力规律"基础上,康弗斯于 1949 年提出"断裂点"(Breaking Point)的计算方法。断裂点即两个城市间的影响力分界点,如图 1-1 中的 O 点,图 1-3 中 B 点。

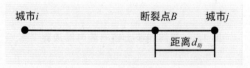

图 1-3　两城市间的断裂点示意图

断裂点 B 到城市 j 的距离 d_{Bj} 可以用下列公式求出：

$$d_{Bj} = \frac{d_{ij}}{1 + \sqrt{\dfrac{M_i}{M_j}}} \tag{1-2}$$

式中　d_{ij}——i 和 j 两个城市间的距离；

　　　M_i——城市 i 的规模；

　　　M_j——城市 j 的规模。

3）阿波罗尼圆

在断裂点模型的基础上，赖利发现了断裂点在二维平面上的轨迹，如图 1-4 所示。

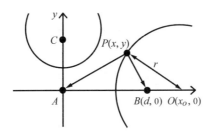

图 1-4　城市影响力均衡点的轨迹

$P(x, y)$ 点可认为是 A，B 两市的断裂点轨迹；由 $I_{PA} = I_{PB}$ 可得：

$$\left(x - \frac{M_A d}{M_A - M_B}\right)^2 + y^2 = \left(\frac{d \sqrt{M_A M_B}}{M_A - M_B}\right)^2 \tag{1-3}$$

式中　M_A——A 市的规模；

　　　M_B——B 市的规模；

　　　d——A，B 两点的距离。

在二维平面中，P 点的轨迹是以 $O(x_o, 0)$ 点为圆心，r 为半径的圆：

$$(x - x_o)^2 + y^2 = r^2 \tag{1-4}$$

圆心坐标 x_o：

$$x_o = \frac{M_A d}{|M_A - M_B|} \tag{1-5}$$

半径 r：

$$r = \frac{d \sqrt{M_A M_B}}{|M_A - M_B|} \tag{1-6}$$

4）影响概率模式

赫夫在引力模型基础上建立了概率论引力模型。他假定消费行为空间与商业中心吸引力、距离的反作用力以及系统中其他商业中心的竞争等因素的影响紧密相关。商业中心的吸引力越大,消费者在该商业空间购物的概率就越大;而商业中心的吸引力越小,消费者在该商业空间购物的概率就越小(图 1-5)[12]。该原理同样适用于城市势力圈的划分。

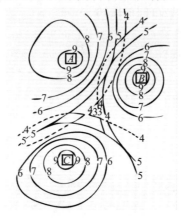

图 1-5　消费者购买的等概率线[13]

赫夫概率引力模型公式如下:

$$P_{ij} = \frac{\dfrac{M_j}{d_{ij}^{\beta}}}{\sum\limits_{j} \dfrac{M_j}{d_{ij}^{\beta}}} \qquad (1-7)$$

式中　P_{ij}——消费者 i 在商业中心 j 购物的概率;

　　　　M_j——商业中心 j 的规模指标;

　　　　d_{ij}——消费者 i 与商业中心 j 的距离;

　　　　β——参数。

3. 既有划分方法的应用现状

城市与区域研究领域对势力圈理论法的应用有一些案例:陈田[9]运用断裂点原理对我国城市进行过初步经济区划分;杨吾扬[14]用几何原理证明过阿波罗尼圆的存在;周一星[15]曾用赫夫概率模式在山东济宁作过多城市势力圈划分研究;顾朝林[16]提出过 d_Δ 系和 R_d 链城市经济区划方法;张莉等[7]在使用断裂点划分河北省城市势力圈的同时,引入了场强的概念,并以此来区分强、弱影响区范围。

由于断裂点原理应用起来比较简便,在研究和实际编制的城市规划中应用最多。周一星[15]使用断裂点公式检验了上海与杭州之间的断裂点,按铁路里程计距杭州 51.23km,约在海宁县(今海宁市)斜桥站西,与嘉兴市直接吸引范围的西界大体一致。他还使用理论法,对山东泰安市域二级中心及其势力圈进行了分析(图 1-6),在确定二级城镇的中心职能强度、构造运输网络和距离矩阵之后,计算各乡镇对二级中心的吸引隶属度及吸引范围。根据择大原则,将各小区划归某个二级中心的吸引范围,从而明确二级中心的势力圈。

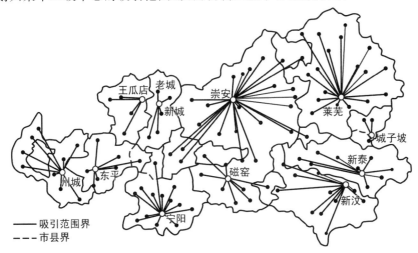

图 1-6 泰安市域二级中心吸引范围划分[15]

上述方法在实际应用中存在以下问题:第一,经验法因资料的获得相当困难而不实用;第二,理论法中除断裂点模式简单易行有较多实际应用外,其他方法大都操作繁杂,也不实用;第三,断裂点法得出的结论是分界点,而不是面上的分界线,是不完的势力圈划分;第四,以两城市之间势力圈划分或以单一城市为中心势力圈划定为主,解决城镇体系中多中心城市势力圈划分问题的研究案例极少。这些问题归根到底是未能有效借助于计算机技术解决计算难题,而在计算机技术日新月异的今天,解决这些问题的时机已经成熟。

4. 计算机辅助划分方法构思

假设对象地域内的任意一小区 j 都接受来自域内各城镇 i 的辐射,则 i 城镇对 j 区辐射力强度为 F_{ij},

$$F_{ij}=\frac{M_i}{d_{ij}^{\beta}} \tag{1-8}$$

式中　　M_i——i 城镇的规模;

d_{ij}——i 城镇和 j 区之间的距离;

β——参数。

在 M_i，d_{ij} 和 β 已知的情况下，可对来自各城镇的辐射力分别求出，并根据择大的原则判断每一小区 j 的归属。

将对象地域划分为 $m \times n$ 的栅格，利用计算机高速、重复运算的特点，对其中所有栅格作上述计算和判断，确定每一网格的势力归属，并将各镇势力圈用不同颜色表示，即可得到各城镇的势力圈(图 1-7)。

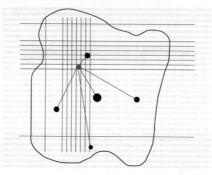

图 1-7　辐射强度择大法示意图

1.2.3　城镇势力圈自动划分软件开发的意义

在城镇势力圈研究中，自动划分软件仅仅是在计算方式和表达方式上对计算机进行了结合，而对于计算理论仍然采用的是几十年前同样的理论，并没有创新。而在这个领域几十年没有理论上进步的现象本身正是我们应当反思的问题。

为什么这么多年来没有进展？是由于这种研究没有价值？显然不是，如前所述，进行城镇势力圈研究(包括上位城镇辐射强度、潜力面、城镇体系网络结构等问题)是城镇体系规划和城市地理学区域科学研究的基础性工作，意义明显。但由于规划学科缺乏自身的定量研究的核心理论，无法从理论自身推导演绎出新的定量方法，研究的主要方式只能依赖于大量的归纳实证。然而，在城镇势力圈研究中，需要进行庞大的计算和绘图，显然在计算机硬件和自动划分软件系统出现之前进行大量的实证分析是不可能的，并且理论本身的发展也受到影响。

下面仅以计算城镇势力圈为例将具体的工作方法和工作量进行对比(表 1-2)。

表 1-2　两种计算城镇势力圈方法的对比

方面	断裂点法	轨迹方程法
工作方法	求断裂点、绘制垂直平分线后绘图	建立轨迹方程、解二元二次方程组,求出交点坐标后绘图
工作量	求断裂点 $n \times \frac{6}{2}$ 次 绘制垂直平分线 $n \times \frac{6}{2}$ 次	建立轨迹方程 $n \times \frac{6}{2}$ 个 解二元二次方程组 $n \times \frac{6}{2}$ 个
缺点	绘制方法本身有错误,如势力圈边界并不是直线、中间三角形无法解释等 工作量极大	计算方法本身仍然有错误,特别是在城镇规模相差悬殊时 工作量超出一般研究者可以接受的范围

　　考虑到所有上述计算每一次对参数的调整,对城镇规模选择的调整,对研究城镇选择的调整都不得不完全重新进行计算,对于同一组数据需要反复运算的次数在 50 至 100 次。而且这里只考虑了对于城镇势力圈划分的计算,没有包括城镇影响力等级、潜力面计算和城镇体系结构的确立的计算量。最终由于这种天文数字般的计算量阻碍了实证研究的大量进行。

　　本团队在国家自然科学基金的资助下,于 1999 年开发了以实现计算机对城镇势力圈的自动划分为主要功能的软件 HAP(Hinterland Analysis Package)[17];2002 年改进成具有城镇体系分析功能的 USAP(Urban System Analysis Program)软件,在长江三角洲等地区开展了城市势力圈的实证研究[18-20],并尝试应用到南京、锦州、中山、石家庄、天津等城市发展战略规划及多个城市总体规划的编制实践中[21],提高了规划的科学性;2003 年,在国家自然科学基金"城市势力圈自动划分手法的理论与应用研究"课题的资助下,本研究小组对 USAP 和 HAP 系统进行了升级,开发了基于交通网络划分城镇势力圈的 HAP. net 系统①。

　　软件系统的主要工作量集中在收集基础资料、数据的录入,HAP/USAP 可自动产生各种分析图和表格,研究者可以随心所欲地反复调整各种参数的选择和研究对象的选择。如笔者正运用 HAP/USAP 对我国城镇体系做全面分析,已自动产生了上百张分析图;而每次计算 500×500 点阵精度的分析图,在普通电脑硬件支持下只需要几秒钟,总工作量降为原来的上万甚至上千万分之一。

　　比较 HAP/USAP 出现前后对于同一个问题进行计算时工作量的差别可以发现,HAP/USAP 的出现使得研究者在实践中跨越了从不可行到可行的界

---

　　①　该系统已获国家版权局软件著作权登记,登记号:025855。

11

限,为大量进行该方面的研究提供了技术的保障。研究者或规划者将精力集中于分析研究而不是大量的计算,可以反复调整各参数、城镇规模,选择不同城镇,以适应不同的研究或规划需要,进而在大量的实证研究的基础上深入理论自身的发展。

1.3 本书的内容与章节构成

本书介绍了城市势力圈的划分方法及其应用,主要包括理论篇和案例篇两个部分。

理论篇由前4章组成:第1章介绍势力圈的基本概念、理论、划分势力圈的方法;第2—4章介绍城镇势力圈分析系统3个版本软件 HAP,USAP, HAP. net的原理、功能与操作方法,以及它们在代表性案例中的应用成果。

案例篇共分10章,以势力圈分析系统软件功能的逐步完善作为排序线索,详细介绍该软件在不同规划案例中的应用成果。

第5章以驻马店市及相邻6市为研究对象,以 USAP 作为分析工具,划分了驻马店市势力圈,并研究了人口规模的变化及城市重心的移动对势力圈消长的影响。

第6章采用 HAP 对全国省会城市势力圈进行了划分,并与省域行政范围进行了叠加分析,拟为全国城市体系规划的编制、跨省域的都市圈域的构建、行政区划的调整提供科学依据。

第7章使用 USAP 对沪宁杭区域内各城市的势力圈进行划分,揭示各城市势力圈间的关系和空间特征,同时考察势力圈的动态变化。

第8章使用自上而下逐步调整法与自下而上拆除最小乡镇法,应用 HAP 程序,对各个乡镇的势力圈进行了划分和比对。对平舆县乡镇合并和行政区划调整进行了探讨。

第9章以商业职能单位数、复合指标、人口规模为吸引能力表征指标,运用 USAP 进行了势力圈的划分。通过河南省临颖县的实际调查,对乡镇商业吸引力和吸引范围进行验证。

第10章以长江三角洲中的14个地级以上城市为例,使用 HAP. net 划分各城市现状的势力圈,并与 USAP 划分出来的城市势力圈进行对比,分析高速公路建设对长三角城市势力圈的影响。

第11章运用 HAP 对武汉与周边6个区域中心城市势力圈进行划分,对湖北省17个主要城市进行城市势力圈的现状及规划分析;并通过与各城市行政范围进行空间上的叠合,比较各地级市的实际影响力与其行政范围的差异。拟为湖北省城镇体系规划的编制、跨地区的城市群构建、行政区划的合理调整等提供参考。

第 12 章应用 HAP. net 分析了 2001—2004 年、2005—2008 年上海市对外交通方向、城市空间扩展方向的历程,判断上海城市发展的主要方向,为相关规划编制和政策制定提供有益的借鉴。

第 13 章介绍沪宁杭一日交流圈的研究成果,对三城市的现状一日交流圈的整体形态、各种交通基础设施贡献、动态过程进行对比,作为城市势力圈研究的补充。

第 14 章是基于新数据源的城市中心势力圈研究成果。本章应用于手机信令数据,识别上海市域现状生活中心体系,并对结果进行等级划分,定量描述了生活中心的等级分布特征,并根据手机数据反映的用户实际使用各中心的行为状况,划分各中心的势力圈。

2 城镇势力圈分析系统——HAP

2.1 HAP系统的主要分析功能及结构框架图

HAP(Hinterland Analysis Package)使用Windows的窗口方式展示各种分析方法的功能,使用对话框展示出各种功能选择项,使系统具有清晰、直观、易学易用的特点。分析结果以图形形式显示,各城镇势力圈直观清晰,一目了然。

HAP系统的主要功能是划分城镇势力圈,并计算势力圈的面积,主要应用包括:

(1)辐射强度择大法城镇势力圈划分(可选择势力圈的层次);

(2)计算并显示来自所属上位城镇的辐射强度;

(3)计算各城镇势力圈面积;

(4)分析不同层次城镇之间的隶属关系;

(5)对现状城镇体系内部地域间电话流量建模;

(6)预测规划期多个地域间电话流量。

HAP的结构框架图见图2-1。

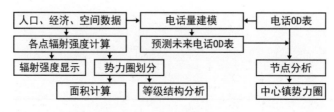

图 2-1 HAP系统的结构框架图

2.2 HAP系统的数据准备、操作界面和结果输出

2.2.1 基础数据准备与输入

系统采用Microsoft Excel作为基础数据的输入方式,使用者只要将数据按一定标准建立成Excel文件即可运行HAP。需输入基础数据包括:①各镇镇区现状和规划人口数、镇区经度、纬度,以上数据构成数据库Ⅰ为辐射强度择大法分析之用;②各城镇间现状电话通信量OD矩阵,此数据构成数据库Ⅱ为电话

流分析之用。

考虑到城镇间电话通信量数据收集可能会有一定困难,在该数据缺失情况下,本系统也可利用数据库I作辐射强度择大法划分分析,而不影响系统主体部分正常运行。

2.2.2　分析控制界面

HAP 软件的分析控制界面(图 2-2)主要包括势力圈层次选择、中心镇选择、分析精度选择、城镇辐射力划分等级数选择等。使用者也可以使用系统默认项得到初步的分析结果。

图 2-2　HAP 分析控制界面

两点间距离以直接距离计算,距离摩擦系数取标准 2.0,城镇规模以镇区人口规模为指标。

2.2.3　分析结果输出

为方便使用者对分析结果的编辑加工,HAP 设置了势力圈图形结果的保存功能,使用者可将图形结果保存为 bmp 文件后移至图形编辑软件中作进一步处理。

2.3　HAP 案例应用

2.3.1　上虞市势力圈空间结构与动态变化特征

本应用案例研究结合上虞市城镇体系规划工作展开,并首次在该市城镇体系规划中得到了应用。上虞市现有 24 个乡镇,中心城百官镇人口约 10 万,5 个中心镇规模在 1 万~3 万人,其他乡镇人口大多在几千人以下。与此相应的城镇势力圈也分成三个等级:中心城高次职能一级势力圈、中心镇中次职能二级势力圈、一般镇基层职能三级势力圈。低等级城镇势力圈被高等级城镇的势力圈所覆盖形成层层嵌套的势力圈空间体系,中心城一级势力圈可设为上虞市全域而无需进一步划分。根据规划,2020 年百官镇人口将发展到 20 万,5 个中心镇平均规模也将达到 5 万人,其他镇发展将比较缓慢甚至逐步衰退。

1. 城镇现状势力圈划分结果与特征

应用 HAP 对现状三级势力圈划分结果见图 2-3,从图中可分析势力圈的若干空间特征如下。

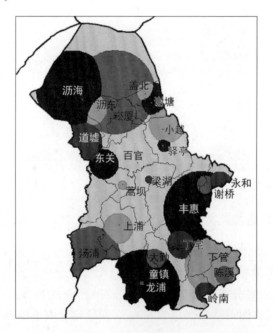

图 2-3　1999 年上虞市城镇势力圈划分结果

(1)同级城镇相互为邻构成的势力圈关系为并存。特征是势力圈大小无显著差异,弧线线形较缓,不明显偏向一方。如上虞市城镇体系中的丰惠与下管、汤浦与上浦属此关系。

(2)规模相差较大且相距较近的相邻城镇的势力圈构成包含关系。最典型的是崧厦与沥东、盖北,下管与陈溪、岭南,丰惠与丁宅、永和、谢桥。在这一关系中,规模较小城镇势力圈完全被包含在相邻城镇势力圈之内,形成近似完整的圆形势力圈。

(3)规模相差较大但相距较远的相邻城镇的势力圈构成竞争关系。当一小镇与几个相距较远的大镇相邻时这种关系更为明显。由于相距较远,小镇势力圈既不能被相邻大镇势力圈完全包含也不能与其并存,利用来自邻镇辐射力相对较弱的条件,小镇也可能形成较大的势力圈而与大镇展开有效竞争。

(4)同等规模城镇的势力圈因所处位置不同而大小不同。即使是同等规模的城镇,在邻近中心城时的势力圈和远离时的势力圈大小有很大的差异。如上虞市梁湖、嵩坝两镇规模要超过岭南、陈溪乡,但由于前者紧邻中心城百官镇而后者远离该镇使得后者的势力圈反而要大大大于前者。

2. 辐射强度分布

势力圈内来自上位城镇的辐射力是不均匀的,利用公式(1-8)算出的各点的强度 F_{ij} 反映了该点发展潜力,如将各点辐射强度按等级显示可反映地区内发展潜能的空间变化。图 2-4 是 HAP 显示的上虞市现状辐射强度分布,可以看出其分布具有以各城镇为中心圈层式向外递减的空间特征。

图 2-4　上虞市现状辐射强度分布图

3. 不同层次城镇之间的隶属关系分析

城镇体系中的每一城镇都有上下隶属包含关系,即向上隶属于某一高次城镇,向下包含若干低次城镇。这一关系可通过分析高次城镇势力圈的范围和该范围内所包含的低次城镇的方法来解明。如果城镇体系的层次较多可由高到低逐次分析,如得到两时间段城镇人口数据则可对隶属关系做动态分析。

4. 规划期末城镇势力圈划分结果及其变化分析

根据上虞市城镇体系规划,应用 HAP 对 2020 年各城镇的三级势力圈进行划分,结果如图 2-5 所示。

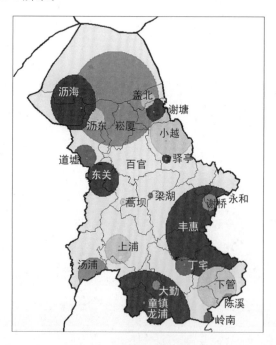

图 2-5   2020 年上虞市三级势力圈划分结果

上虞市 2020 年城市势力圈的总体态势与现状基本保持一致,但与 1999 年势力圈相比可发现中心城区与中心镇的势力圈都有扩张,但相互关系无明显变化,一般镇势力圈则大幅消减。势力圈关系中由并存或竞争关系变为被包含关系的城镇显著增多,显示主城与中心镇地位更加突出。表 2-1 是利用 HAP 的势力圈面积测定功能对 24 个乡 1999 年和 2020 年分别测定的结果,从中也能看出上述趋势。

表 2-1   上虞市 1999 年和 2020 年城区人口与势力圈面积变化对比

乡镇名	1999 年镇区人口 （人）	2020 年镇区规划人口 （人）	1999 年势力圈面积 （km²）	2020 年势力圈面积 （km²）
百官	95 000	200 000	486.75	641.38
梁湖	3 666	4 000	1.88	1.00
汤浦	7 650	5 000	83.50	29.38
上浦	4 802	8 000	26.69	22.13
驿亭	4 107	4 000	5.06	2.44
东关	17 804	40 000	26.19	29.94
道墟	12 443	8 000	40.75	16.06
丰惠	22 181	50 000	95.69	120.31
童镇	9 115	25 000	118.56	155.56
丁宅	2 543	2 000	23.94	9.06
下管	5 264	5 000	77.25	41.63
岭南	650	500	14.88	6.38
陈溪	1 000	500	11.00	4.19
永和	2 225	2 000	15.69	6.69
龙浦	889	500	0.56	0.06
大勤	1 829	1 000	12.06	1.88
谢桥	2 953	5 000	8.63	6.88
崧厦	30 036	65 000	137.38	172.81
谢塘	5 956	6 000	20.63	10.69
沥东	7 210	8 000	15.00	9.44
盖北	2 785	3 000	8.94	5.13
沥海	13 843	15 000	135.25	67.44
小越	13 740	35 000	32.31	39.38
蒿坝	2 910	3 000	2.69	1.38

2.3.2 仙桃市城市势力圈范围划分

本案例使用 HAP 划分仙桃市的城市势力圈现状范围。首先分析高等级的城市（武汉市）对该地区各个城市的势力圈产生的影响；其次划分仙桃市及周边城市的现状势力圈，并重点分析现状势力圈与行政范围的关系。

根据现场调查，仙桃市及其周边同等规模的城市建成区人口及相对位置如

表 2-2 所示。

表 2-2　仙桃市及其周边地区城镇人口和地理位置

城镇名	城镇人口（万人）	横坐标	纵坐标
武汉市	400.00	1742.77	1543.59
监利县	16.00	413.68	658.32
洪湖市	13.00	960.98	659.78
潜江市*	11.72	407.19	1338.81
仙桃市	29.40	940.82	1294.28
汉南区	6.80	1553.08	1231.48
天门市	21.51	663.69	1602.86
汉川市	15.00	1304.42	1612.07
蔡甸区	8.10	1493.77	1539.59

　*《中国城市统计年鉴》中潜江市城镇人口数据是将周边的几个组团人口加起来统计的，与现状差别较大。故在进行计算时采用的潜江市城镇人口数据，是按照其现状用地面积推算而得。

1. 高次职能势力圈分析

　　在进行仙桃市高次职能势力圈计算时，分析在高等级城市——武汉市的参与下，该地区各城市势力圈的情况，如图 2-6 所示。

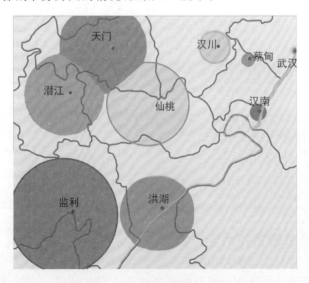

图 2-6　仙桃市高次职能势力圈

仙桃及其周边地区均在武汉市的势力圈内，靠近武汉市最近的蔡甸区、汉南区和汉川市,由于距离武汉较近,在武汉的强烈辐射下,城市势力圈面积非常小,很难有长足的发展,而距离武汉市较远的仙桃、天门、潜江、监利和洪湖则由于地理位置较好,有望发展为区域次中心城市。

2. 一般职能势力圈分析

仙桃市城市势力圈现状覆盖的地域面积经测算为 $4829.62km^2$,远远超出其市域面积 $2538km^2$,市域外的势力圈面积为 $2291.62km^2$,基本上是其行政区域面积的一倍,反映出仙桃市在区域内雄厚的经济实力(图 2-7)。

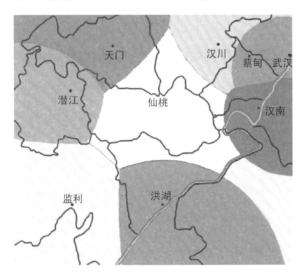

图 2-7　仙桃市一般职能势力圈

仙桃市的行政区域基本上都在其势力圈内,仅有西部角上很少的面积位于潜江市和天门市的势力圈内。仙桃市城市势力圈东西方向基本上与其区域长度一致,但是南北向则延伸出市域以外,尤其是北部延伸了 47.65km。其市域外城市势力圈主要集中在洪湖市、天门市和汉川市三市,其中最多的是洪湖市,为 $781.82km^2$,其次是天门市,为 $705.66km^2$。在汉川市境内的势力圈面积为 $547km^2$。

从以上分析可知,仙桃市现状的中心城区规模与周边城市相比具有明显优势,集聚与辐射功能较强,实际影响范围远远超出其行政区域以外,为其进一步发展提供了良好的条件和基础。

3 城镇体系分析系统——USAP

3.1 USAP 系统的主要改进

在应用过程中不断发现 HAP 软件存在的许多问题,如软件适应性差,在不同城镇体系中运用时需要修改程序内部变量,数据输入格式不规范,数据输入方式、计算公式选择和相关参数调整不灵活,软件存在诸多细节错误。同时,其功能也需要得到进一步的扩充。因此,研究小组在城镇势力圈分析系统 HAP 的基础上进行改进,开发了城镇体系分析系统 USAP(Urban System Analysis Package)(图 3-1)。

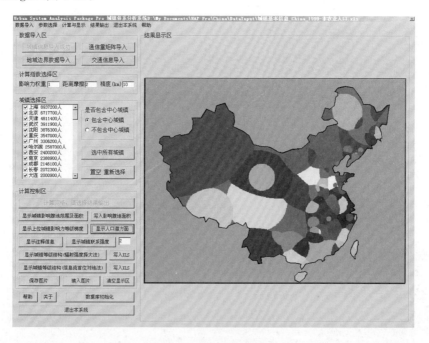

图 3-1 USAP 运行界面

开发 USAP 系统的目的在于:提高软件的适用性,使其可以在任意等级城镇体系的规划和研究中应用;增加分析功能,使其功能完善为城镇势力圈划分、上位城镇辐射强度分布、潜力面分析、城镇体系结构分析四个部分;规范数据录入格式,并提高各种数据输入方式、计算公式选择和相关参数调整的灵活性,以适用于不同研究和时间的需要。同时，对诸多软件本身的细节作进一步的改进。

3.1.1 USAP 系统的功能拓展

与 HAP 系统不同，USAP 系统除了具有划分城镇势力圈的功能以外，还拓展了上位城镇辐射强度分析、潜力面计算和城镇体系网络结构三大功能。这三部分拓展功能的计算原理和方法如下。

1. 上位城镇辐射强度分布

势力圈范围内来自上位城镇的辐射强度是不均匀的。定义区域中某中心城镇 i 对某一地点 j 产生的相对综合辐射强度为 F，城镇建成区范围内的各点 F 应为最大值，距离城镇无穷远处的点 F 应为零。如城镇建成区范围理想化为圆，人均用地面积为 $100\mathrm{m}^2$，则可计算该市建成区半径 R。于是当 $d \leqslant R$ 时，区域中任意一点的来自上位城镇的辐射强度：

$$F_{ij} = \frac{M_i^a}{R_{ij}^\beta} \tag{3-1}$$

$d > R$ 时，

$$F_{ij} = \frac{M_i^a}{d_{ij}^\beta} \tag{3-2}$$

式中　d_{ij}——点 j 到城镇 i 的距离；

　　　M_i——i 城镇的规模，一般采用城市非农人口数；

　　　β——距离摩擦系数，一般取 2，在 USAP 执行时可以调整；

　　　α——城镇影响力权重，一般取 1，在 USAP 执行时可以调整。

根据式(3-1)或式(3-2)算出的各点强度反映了该点发展潜力，如按等级显示可反映地区内发展潜能的空间变化。在 USAP 软件的实现过程中，为了将区域中各点的上位城镇辐射强度直观地表现出来，采用由 0~255 不同的灰度值表示不同的上位城镇辐射强度，所以计算灰度时将 F 换算为 0~255 的整数并采用了对数变形。

城市辐射强度分析运行界面见图 3-2。

2. 潜力面分析

点 j 的潜力面 P_j 的计算公式是

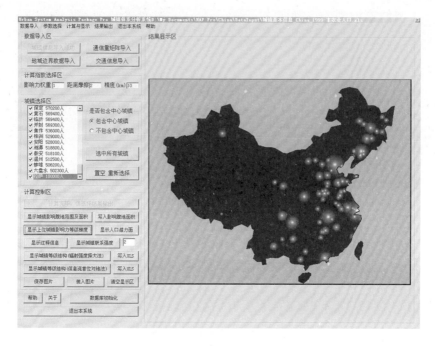

图 3-2　城市辐射强度分析界面

$$P_j = k \sum \frac{M_i}{d_{ij}^{\beta}} \qquad (3-3)$$

式中　d_{ij}——点 j 到城镇 i 的距离；

　　　M_i——i 城镇的规模；

　　　β——参数；

　　　k——参数。

由于 k 取值的不同，以及 M_i 和 d_{ij} 在实际计算时采用单位的不同，计算所得的 P_j 不具有绝对意义，因而需要转换为具有可比性的相对值。本研究采用的方法是：

（1）首先计算各点的绝对潜力 P_j。

（2）求出平均潜力 $P_{-average}$。

$$P_{-average} = \sum \frac{P_j}{n} \qquad (3-4)$$

（3）定义各点的相对潜力 $P_{j\text{-relative}}$。

$$P_{j\,\text{relative}} = \frac{P_j}{P_{\text{-average}}} \qquad\qquad (3-5)$$

在 USAP 软件中,可分别以不同的颜色显示区域中相对潜力 $P_{j\,\text{relative}}$ 为 0.5,1,2,4 等关键点,以得到整个区域中的几个关键等潜力线的位置。

潜力面分析运行界面见图 3-3。

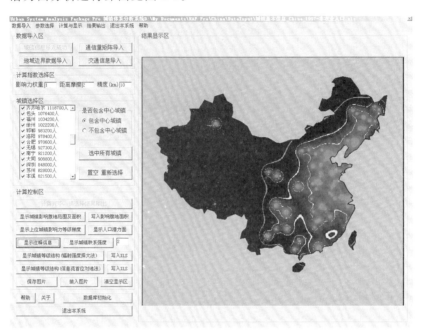

图 3-3 潜力面分析界面

3. 城镇体系结构分析

对于区域中的任意城镇 i,判断其与其他各城镇的通信量大小,根据首位对地法决定其上位城镇。当通信量数据缺失时 USAP 自动生成相互作用两矩阵,并根据辐射强度择大法作出判断。对于所有城镇采用此方法判断其所属上位城镇,即可得到该区域中整个城镇体系的等级网络结构。USAP 软件用直线将隶属城镇联系起来,从而将这一关系直观地显示,并可根据通信量(或辐射量)大小以不同色彩表示不同等级,同时以 Excel 表格记录各个中心城镇所包含的下一级城镇群。

图 3-4 表示以河南省驻马店市为例的城镇体系结构分析运行界面。

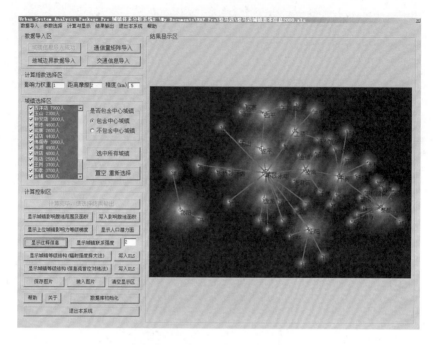

图 3-4　城镇体系结构分析界面

3.1.2　USAP 系统的其他改进

在功能增强的同时,USAP 一方面提高了系统的适用性,如城镇个数、研究区域的选定可根据不同城镇体系的实际情况决定,可以在任意一个城镇体系规划中得到应用;另一方面,规范数据录入格式并增加各种数据输入方式、计算公式选择和相关参数调整的灵活性,以适应不同研究和实践的需要。同时对诸多软件本身的细节进行了改进:文件读写出错保护、操作界面改进、图形与 Excel 结果输出、计算区域可以缩放等。另外,将 HAP 采用的多重界面整合为单一操作界面,使之更加紧凑、清晰、美观。具体改进如下。

(1) 数据输入规范化:设计 Excel 文件模板,统一输入格式;

(2) 城镇个数灵活调整:在数据源文件 Excel 中,设置城镇个数选项;

(3) 研究的区域范围自由选定:在数据源文件 Excel 中设置地域范围选项;

(4) 坐标系可选:平面直角坐标系或地球经纬度[①],单位分别采用千米或度;

---

① 小区域如县域、市域城镇体系可选用平面直角坐标系,省域以上的大区域城镇体系应选用经纬度坐标系。

（5）计算公式可选：如选择直线距离或球面距离①；

（6）相关参数调整灵活：在操作界面上设置对应文本框，可调整城镇影响力权重参数 α、距离摩擦系数 β 和计算精度；

（7）分析区域可根据研究要求自由缩放，以深入进行某些局部区域的分析；

（8）软件本身的细节改进：文件读写出错保护，出错时提示重新选择文件；

（9）操作界面更加紧凑、清晰、美观；

（10）分析结果可以方便地以图片和 Excel 表格输出保存。

3.2　USAP 系统的主要功能和应用领域

3.2.1　USAP 系统的四大分析功能

（1）城镇势力圈划分：计算并显示城镇势力圈范围、面积并写入 Excel 文件。

（2）上位城镇辐射强度分布：定义并计算研究区域中各点的上位城镇辐射强度，以不同的灰度值直观表现，赋予该强度实际意义。

（3）潜力面分析：定义并计算相对人口潜力、关键等潜力线位置，并分别以不同颜色显示。

（4）城镇体系结构分析：分别采用辐射强度择大法和信息流首位对地法计算各城镇所归属的上一级城镇，以图形直观显示其空间位置关系，并将各个城镇所包含的下一级城镇群写入 Excel 文件。

3.2.2　USAP 系统的应用领域

USAP 系统的分析功能、适用性、灵活性的增强，拓展了该系统的应用范围，四个功能模块在城镇体系规划实践和城市地理学、区域科学研究中有不同应用。图 3-5 概括了 USAP 系统提供的功能模块在城市规划中的具体应用领域。

（1）城镇势力圈划分：可用于指导城镇体系规划中的城市经济区划分与行政区划调整，以及各级中心城镇的选择。

（2）上位城镇辐射强度分析：可用于确定区域中各点的上位城镇辐射强度，分析特定地点的发展潜力，以及划分发展潜力盲区。

---

① 选用平面直角坐标系算出的是直线距离，地球经纬度算出的是球面距离。

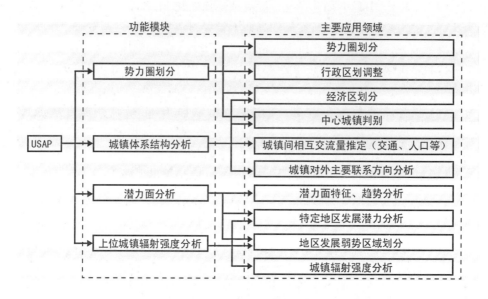

图 3-5 USAP 系统的功能模块与主要应用领域

（3）潜力面分析：可用于确定潜力面的趋势，对其特征及发展潜力的高位地区进行分析。

（4）城镇体系结构分析：可用于确定城镇体系中的各级中心城镇，分析城镇体系的空间网络结构，推断城镇之间相互交流量（如交通、人口、信息、货币等），确定特定城镇对外经济联系的主要方向等。

3.2.3 USAP 系统的数据准备、操作界面和操作说明

1. 数据准备与输入

USAP 系统仍以 Microsoft Excel 作为数据输入方式，研究者只要参照系统给定的三个数据库模板将数据输入 Excel 文件即可。

（1）必需的基础数据库 I：该类数据为城镇基本信息，包括城镇体系的城镇数量、坐标方式、各城镇名称、城区的非农业人口数[①]、城镇经纬度（或纵横坐标）。Excel 表格模板见表 3-1。

（2）可选数据库 II：此数据为各城镇间电话通信量 OD 矩阵（表 3-2），用于信息流首位对地法分析。

（3）可选数据库 III：此数据为研究区域的边界信息数据库（表 3-3，表 3-4），

---

① 一般使用现状人口数据，如需分析未来的城镇体系则使用规划人口数据。

用于计算城镇势力圈面积。本系统在该数据缺失情况下也可计算出各城镇的势力圈面积，但此时面积计算会有较大的误差[①]。

表 3-1　城镇基本信息 Excel 表格模板（以上虞市为例）

城镇个数	24	坐标方式	1		
镇名	镇区人口	横坐标/经度	纵坐标/纬度	势力圈面积	所包含下一级城镇
左下角	N/A	0	0	N/A	N/A
右上角	N/A	50	50	N/A	N/A
百官	9.50	24.80	31.40		
上浦	0.48	21.00	19.20		
驿亭	0.41	30.00	34.80		
东关	1.78	19.20	31.20		
道墟	1.24	14.60	34.90		
丰惠	2.22	34.80	24.30		
……	……	……	……		

表 3-2　城镇间信息流矩阵信息 Excel 表格模板（以上虞市为例）

	百官	梁湖	汤浦	上浦	驿亭	东关	道墟	……
百官	/	23 157	15 098	25 327	16 864	100 657	36 766	……
梁湖	27 187	/	310	1 922	527	1 736	311	……
汤浦	15 128	289	/	6 541	155	2 139	217	……
上浦	23 157	1 829	7 409	/	302	6 355	744	……
驿亭	17 081	434	53	558	/	558	219	……
东关	87 048	2 294	1 545	3 162	620	/	17 174	……
道墟	27 621	220	301	212	186	17 639	/	……
……	……	……	……	……	……	……	……	/

表 3-3　区域边界信息 Excel 表格模板 1——顶点坐标

顶点个数	25	
顶点编号	横坐标/经度	纵坐标/纬度
1	13.5	59.1
2	3.0	44.1
3	10.8	39.2
……	……	……

①　数据缺失时以所选的矩形边界为默认的地域边界。

表 3-4　区域边界信息 Excel 表格模板 2——多边形拓扑关系

多边形个数	7	多边形顶点编号						
多边形编号	多边形边数	1	2	3	4	5	6	……
1	6	1	2	3	22	23	24	……
2	6	3	4	5	20	21	22	……
3	5	5	6	16	17	20		……
4	4	17	18	19	20			……
……	……	……	……	……	……	……	……	……

2. 分析控制界面

分析控制界面(图 3-6)主要包括:数据导入区、计算参数选择区、城镇选择区、计算控制区、结果显示区五个主体部分和其他部分(帮助、关于、数据库重置、退出)。菜单和按钮的功能完全一致、相互匹配,用户可以根据自己的操作习惯选择操作方式。

为了避免用户误操作造成系统出错或者得到错误的分析结果,系统在用户每一步操作的时候,仅将当前合理可用的功能按钮激活,而将其他功能按钮锁定,如图 3-6 中部分按钮灰显而部分按钮亮显。

3. 部分操作说明

初次使用时,用户可以使用系统默认参数值得到初步的分析结果。然后再根据自己的研究需要进行调整。

由于运算量很大,系统执行命令时往往耗时较多,此时在各命令按钮上会有计算进度的百分比显示。运算时间取决于所选精度的高低:一般在初步考察运算结果或者反复调整各计算参数时可以采用较低精度,如系统默认值(100×100 点阵);在确定各参数后,可以选择较高的精度(如 500×500 点阵),以生成较高质量的图形分析结果输出。

USAP 可以以图形(bmp 文件)和数据库(Excel 文件)两种形式保存分析结果。前者可以在图形软件如 PhotoShop 中处理,供以后分析之用;后者可使用数据统计软件如 SPSS 做进一步处理。

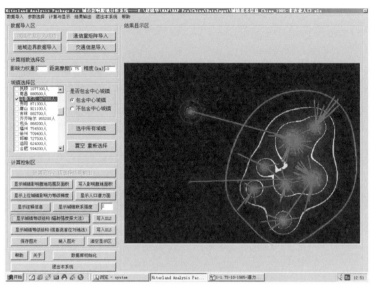

图 3-6　USAP 城镇体系分析控制界面

3.3　HAP 和 USAP 系统划分城镇势力圈的形态特征

（1）势力圈边界由圆弧段构成,势力圈形状非正六边形。

中心地理论创始者克里斯泰勒(W. Christaller)将城市的市场圈描绘为边界由直线构成的正六边形,但本研究表明势力圈的边界由若干圆弧段构成,势力圈形状也非正六边形。

（2）圆弧的位置及凹凸关系由相邻城镇的规模决定。

当某城镇规模大于相邻城镇时,圆弧的位置超过两城镇的中线凸向邻镇;反之,则圆弧凹向己方。圆弧与两城镇连线交点位置与断裂点公式计算结果一致。

（3）势力圈之间存在并存、包含、竞争和半包含四种关系(图 3-7)。

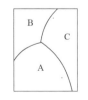

（a）A, B, C构成并存关系　　（b）B被A包含　　（c）A, B, C, D, E构成竞争关系

图 3-7　势力圈空间关系示意图

31

① 同级城镇相互为邻构成的势力圈关系为并存,特征是势力圈大小无明显差异,弧线线形较缓,不明显偏向一方。②规模相差较大且距离较近的相邻城镇的势力圈构成包含关系。在这一关系中,规模较小城镇的势力圈被完全包含在相邻城镇的势力圈之内,形成近似完整的圆形势力圈。③规模相差较大而距离较远的相邻城镇的势力圈构成竞争关系。当一小镇与几个相距较远大镇相邻时,这种关系更为明显。由于相距较远,小镇的势力圈既不能被相邻大镇的势力圈完全包含,也不能与其并存。利用来自邻镇的辐射力,相对较弱的小镇也可能形成较大的势力圈而与大镇展开有效竞争。④一种介于包含与竞争关系之间的半包含关系,规模相差较大的两个镇相距较远,大镇的势力圈无法将小镇的势力圈完全包含,但小镇也无法同大镇形成竞争,则两个城市势力圈将构成半包含的关系。

(4) 同等规模城镇的势力圈因所处位置不同而大小不同。

即使是同等规模的城镇,在邻近和远离中心城时,其势力圈大小有很大的差异。在城镇规模相同的情况下,距离中心城较远的城镇的势力圈将大于距离中心城较近的城镇的势力圈。

3.4 USAP 存在的问题和改进方向

3.4.1 城镇体系分析理论自身的问题

上述各公式中的各参数,如城镇影响力权重 α、距离摩擦系数 β,应如何确定? 怎样的数值才会更加符合现实情况? 它们的变化对分析结果会产生什么影响? 它们的变化取决于何种区域地理经济社会因素? 城镇吸引权重应取何种指标,是采用诸如人口之类的单一指标还是主因子合成之类的复合指标? 这些问题尚没有明确的答案,需要进一步做细致而深入的研究。

3.4.2 USAP 系统的问题和可改进之处

(1) 空间数据的输入方式,如城镇的坐标、区域的边界,可以结合 CAD 自动从 dwg 图形文件中读入。

(2) 输出方式可改进,如城镇隶属关系图的自动生成,分析结果图的图名、图例和图框的增加等。

(3) 距离采用网络距离(时间距离或货币距离),可结合 GIS 的网络分析求出最短路径。

(4) 增加可选择的计算公式,如计算城镇势力圈、城镇辐射强度时采用的幂函数、指数函数、对数函数,计算城镇的平均出行距离等。

（5）结合 GIS 的叠合分析功能计算城镇势力圈范围内的人口总量、经济总量等指标。

3.5　USAP 应用案例

本案例使用 USAP 划分全国 85 个城市的势力圈范围，分析上位城市辐射强度分布与潜力面。

3.5.1　全国 85 个城市势力圈特征

从 85 个城市势力圈范围划分结果（图 3-8）可发现：普遍而言，城市势力圈有自东部向西部、北部逐渐增大的趋势。其中，西部城市势力圈范围相对最大，以乌鲁木齐、拉萨、西宁、成都、昆明为代表；兰州、西安、成都、重庆存在并列竞争关系。北部城市势力圈范围较大，以哈尔滨、沈阳为代表。东部城市中，北京、上海、广州的势力圈范围相对较大。与其行政区范围相比对，北京势力圈向北、上海往南、广州向东北拓展。

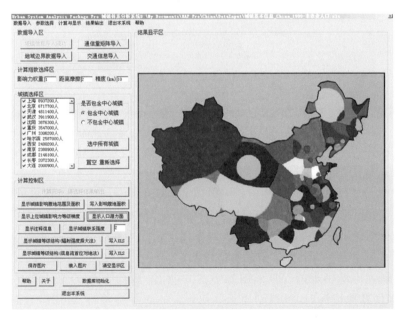

图 3-8　全国 85 城市势力圈

3.5.2 全国 85 个城市上位城市辐射强度分布

辐射强度分布结果表明(图 3-9)：西部地区城市乌鲁木齐、西安、重庆、昆明辐射强度大，但西北地区城市发展潜力盲区多。中部城市郑州、武汉、合肥辐射强度大。北京、上海辐射强度最大。

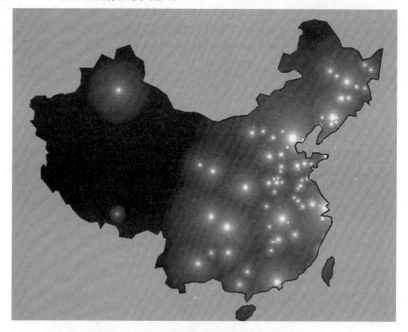

图 3-9　全国 85 城市上位城镇辐射强度分布

3.5.3 全国城市发展潜力面分布

在 USAP 软件中，将区域中相对潜力 $P_{j\text{-relative}}$ 为 0.5,1,2,4 等数值的关键点分别以红、绿、黄、蓝等颜色显示，以得到整个区域中的几个关键等潜力线的位置。绿色线代表平均潜力线，红色线代表相当于平均潜力 50% 的等值位置，黄色线代表相当于平均潜力 2 倍的等值位置。

本研究中城镇规模(M)采用城镇人口指标，因而得到的是人口潜力面。当 M 采用其他指标时，可得到用于其他研究的商业潜力面、居住潜力面等。

图 3-10 中部指数为 1 的潜力线为全国城镇人口潜力的平均值；西部指数为 0.5 的潜力线表明自该线至我国西部城市的人口潜力为全国平均值的 50%；东部指数为 2 的潜力线表明自该线至我国东部城市的人口潜力为全国平均值的 2 倍。

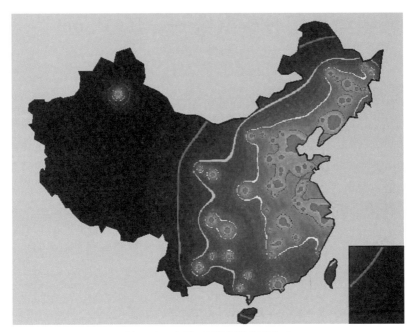

图 3-10   全国 85 城市潜力面分布

4 城镇势力圈分析系统——HAP. net

虽然 USAP 系统在功能上有许多扩充,在程序细节上也更加完善和成熟,并且近几年已经在许多规划实践中应用,积累了大量经验,如湖北省仙桃市城市总体规划、广东省清远市城市发展概念规划和河北省石家庄市城市发展概念规划等。但是,USAP 系统仍然采用人工量取和从 Excel 文件导入空间数据的方法来输入数据,仍然基于区域中的两点之间的直线距离来计算城镇的辐射力,这种计算方法忽略了现实中区域交通网络和某些地理障碍的存在。

为了克服 USAP 系统的以上问题,使划分的城镇势力圈更准确并更加符合实际,本研究小组对城镇势力圈分析系统进一步改进和升级,综合考虑区域中交通网络和各种障碍对城镇势力圈拓展的影响,开发了 HAP. net 系统。

4.1 HAP. net 系统的主要改进

城镇势力圈(网络)划分系统(HAP. net)的开发,不仅对原 HAP 程序和 USAP 程序的使用界面、操作方式和数据输入方式等细节方面进行了改进,更重要的是在计算城镇辐射力的过程中考虑区域交通网络系统和自然障碍(如河流等)对城镇势力圈拓展的影响,采用交通网络系统中的最短路径方法,使城镇势力圈的划分更加准确。

4.1.1 数据输入方式的改进

HAP 系统和 USAP 系统的数据方式都是通过人工量取城市空间坐标和区域边界坐标。打开系统界面后,在界面上直接读取已经准备好的 Excel 文件。由于数据准备和输入 Excel 文件的过程是在系统外进行的,与系统相对独立,使系统与操作者的互动性非常差。尤其是 USAP 系统中区域边界信息的输入过程,必须建立多个多边形拓扑关系,再输入多边形顶点编号和坐标,这项工作不仅繁复耗时,并且在建立多边形拓扑关系时也对区域边界信息进行了简化,造成了大量空间信息的流失,为程序的广泛应用带来了困难。

升级后的城镇势力圈(网络)分析系统(HAP. net)中加入了空间信息导入模块,可以直接在程序界面上进行 AutoCAD 文件的链接与数据传输,读取 AutoCAD文件中的城市坐标、城市边界、道路和地理障碍等信息,并进行系统与 Excel 文件之间的关联,将读入的空间信息数据存入 Excel 文件,便于用户打开文件进行编辑。这种图形信息的输入方式和城市信息编辑方式省去了以前的人工量取空间信息并输入 Excel 文件进行编辑的繁杂工作,降低了对 Excel 文件格式要求的严格限制,提升了读入空间信息的准确性和直观性,有效增强了用户与程序之间的互动。

4.1.2 对现实中交通网络的考虑

与 HAP 系统相同,HAP. net 系统采用公式(3-2)计算城市辐射力。在计算距离 d_{ij} 时,HAP 系统和 USAP 系统没有考虑现实道路系统的存在,距离 d_{ij} 实际上就是两点之间的直线距离,计算出来的城镇势力圈是理想状态下的圆弧形城镇势力圈(图 4-1 左)。

然而,不同等级、不同密度道路系统的存在,使区域内各点间的交通时距非常复杂。升级后的 HAP. net 系统考虑了现实道路系统对城镇势力圈的实际影响,利用交通系统中的最短时间路径方法计算城镇辐射力,提高了城镇势力圈划分的准确性,划分的城市势力圈的形态较为复杂(图 4-1 右)。

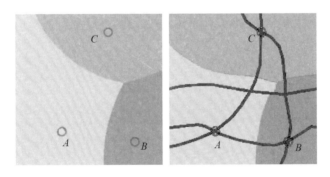

图 4-1　考虑交通网络前后的划分结果比较

4.1.3 对现实障碍的考虑

HAP. net 系统另一个重要的改进就是对区域内障碍影响的考虑。HAP 系统和 USAP 系统在设计时都假设研究区域为平坦的区域,不考虑障碍的存在。但是,在现实生活中,各地区地形地貌有多样性,理想的平坦区域在现实中很少存在。针对这一问题,HAP. net 系统在设计过程中考虑了现实中区域地理障碍的存在,包括自然障碍(如河流和山体)和人为障碍(如高速公路)。图 4-2 反映了考虑区域障碍后的城市势力圈。

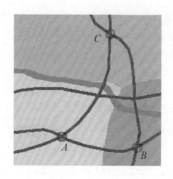

图 4-2 考虑河流障碍后的城市势力圈

4.2 HAP.net 分析系统的主要功能和应用领域

HAP.net 系统的分析功能主要包括：城镇势力圈划分及面积的计算，上位城镇影响力等级梯度的计算，以及城镇体系等级结构的划分。这三种主要分析功能的概念定义和计算原理与 USAP 系统相似，已分别在前文中有详细介绍，这里就不再展开叙述。

由于 HAP.net 系统考虑了现实交通网络和障碍的存在，能够更加准确地划分城市势力圈，因此除了覆盖 HAP 系统和 USAP 系统的大部分功能和应用领域外，还可以用于预测和评价区域内重大交通设施对势力圈的影响。

4.3 HAP.net 系统的运行环境、操作界面和操作说明

4.3.1 运行环境

HAP.net 系统的源程序使用 Microsoft Visual Basic 6.0 语言程序编程，从 AutoCAD2002 中获得空间数据，并存入 Microsoft Excel 进行编辑。因此，HAP.net 系统进行正常的运行需要完全安装 Microsoft Visual Basic 6.0、AutoCAD2002，以及 Microsoft Excel 软件。另外，为确保 HAP.net 系统需要的软件环境，保证系统运行的可靠性，HAP.net 提供了一个测试连接功能，在计算前可以先测试系统的运行环境是否符合以上要求。

HAP.net 分析系统运行包括数据输入、参数设定、计算、输出四部分（图4-3）。

4.3.2 数据输入

输入的数据包括空间信息和城市信息两部分。系统导入按固定格式绘

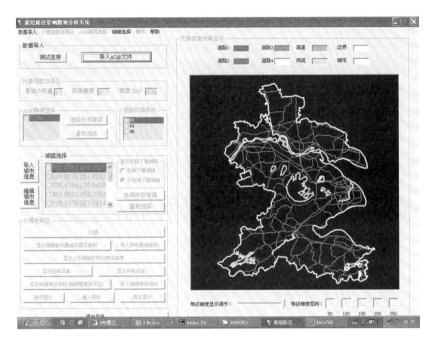

图 4-3　HAP．net 的运行界面

制的 AutoCAD 图，获取相关的空间信息并存入 Excel 文件，供用户进一步
编辑。

4.3.3　参数选择

导入基本的数据后，用户可以根据实际情况设定计算参数，主要有四类
参数。

（1）计算精度选择：精度设定影响计算结果显示的精确程度，同时也影响计
算速度。

（2）计算障碍选择：用户可以选择计算过程中是否考虑障碍，或考虑哪种
障碍。常见的障碍包括河流和山地等自然障碍，以及高速公路、铁路等人为
障碍。

（3）道路权值设定：用户可以设定不同等级道路的速度，直接点击需要设定
的道路等级，在系统弹出的对话框内输入道路速度。在用户不对其进行设定的
情况下，系统将默认使用绘图时设定的道路速度进行计算。

（4）城镇选择：用户根据需要选择参与计算的城市。

4.3.4 提交运算

区域内任意一点接受来自区域内各城镇的辐射力的计算采用公式(1-8)。HAP.net 系统在计算 d_{ij} 时采用了最短路径的计算方法,从而使势力圈的划分和城镇联系强度等输出结果更加准确。

4.3.5 输出结果

用户可以从"显示城镇势力圈""显示城镇联系强度"和"显示城镇影响力"中选择希望得到的输出结果,系统界面的右侧区域将反映出计算结果。

4.4 HAP.net 系统划分城市势力圈的形态特征

由于 HAP.net 分析系统考虑了道路网的存在,划分的城市势力圈形态不规则。

(1)势力圈边界由自然障碍和道路的边界、圆弧和椭圆弧共同围合形成。

当城市势力圈向外拓展时,如果遇到自然障碍或道路的阻隔,势力圈边界将与道路线或自然障碍边界线一致;当势力圈拓展没有受到自然障碍或道路的阻隔时,其边界一般呈现出圆弧形或椭圆弧形。

(2)交通不便利地方的"飞地"现象。

区域中规模较小城市的势力圈旁和城市影响力低的地区,易产生高等级规模城市的"飞地"。这是由于该地区临近城市的等级规模较低,其势力圈无法覆盖整个区域。在这些较偏僻和交通不便利的地方,距离较远的高等级规模城市的影响力比距离近的小城市的影响力高,产生了这种"飞地"现象。

(3)各城市势力圈之间的关系仍包括包含、半包含、并存和竞争四种类型,表现形式更加复杂。

使用 HAP.net 分析系统划分出来的各城市势力圈之间也存在着包含、半包含、并存以及竞争这四种关系,但是由于城市势力圈的形态比 USAP 系统划分出来的势力圈形态复杂,所以这四种城市势力圈之间关系的表现方式也更加复杂。

4.5 HAP.net 应用案例

4.5.1 势力圈划分

本案例采用 HAP.net 软件划分锦州的城市势力圈和港口势力圈,分析区域包括锦州和辽西其他 4 个城市——葫芦岛、朝阳、阜新和盘锦,以及秦皇岛、营口和赤峰;交通系统包括高速公路、国道和省道。以城区非农业人口为规模指标算出的势力圈如图 4-4。

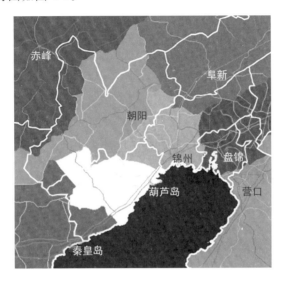

图 4-4　锦州市势力圈

　　锦州市实际势力圈只能覆盖其行政区域的西部,东部的行政范围则分别属于阜新和盘锦的势力圈范围内。锦州市虽然与其他 7 个城市相比规模最大,但是在区域中的地位并不突出。锦州市势力圈的覆盖面积不及其行政区的面积。

4.5.2　经济势力圈的划分

　　考虑到该区域内城市经济发展水平差异较大,有城市规模大但处于衰退状态的阜新市,也有城市规模较小但经济发展势头好的新兴城市葫芦岛和盘锦。为了进一步了解各个城市的经济实力能辐射的区域,本次分析对锦州市的经济势力圈进行了划分,划分的数据基础是各个城市的城区国内生产总值(表 4-1),使用 HAP.net 分析系统划分出锦州市的经济势力圈(图 4-5)。

　　由表 4-1 和图 4-5 可以看出,锦州市的经济实力远远低于秦皇岛和盘锦,略高于葫芦岛。锦州市在区域中的经济实力相对其社会实力较弱,主要原因是东侧的盘锦和西侧的葫芦岛的经济实力较强,使得锦州市在东西方向面临较强的竞争。锦州行政区内东部的大部分区域都划入了盘锦市的经济势力圈,可见盘锦在区域中经济实力较强。目前,锦州市的经济势力圈面积不及其行政区面积的 2/3。

表 4-1　各城市城区国内生产总值(单位:亿元)

城市	城区国内生产总值
赤峰	89.95
秦皇岛	211.98
营口	87.1
盘锦	236.08
阜新	60.6
朝阳	37.46
葫芦岛	117.08
锦州	123.6

注:数据来自《中国城市统计年鉴》(2003)。

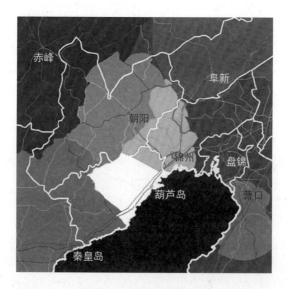

图 4-5　锦州市经济势力圈

4.5.3　锦州市港口势力圈的分析

　　港口势力圈的现状划分选取了与锦州相邻的秦皇岛港、营口港和葫芦岛港作为分析对象,同样也是使用 HAP.net 分析系统,采用各个港口 2002 年实际水运客货运量为指标(表 4-2),使用 HAP.net 分析系统划分出锦州市港口现状势力圈(图 4-6)。

表 4-2　各城市 2002 年水运客货运量(单位:万吨)

城市	水运客货运量
葫芦岛	79
秦皇岛	548
营口	56
锦州	12

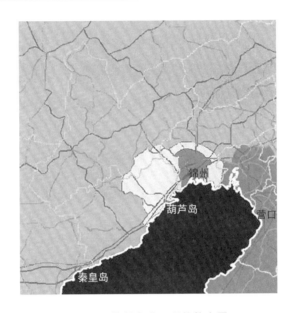

图 4-6　锦州市港口现状势力圈

　　由表 4-2 和图 4-6 可以看出,锦州市港口目前的客货运量不仅远远低于秦皇岛这样较成熟的、规模较大的港口,与规模较小的营口港和新开发的葫芦岛港口也存在较大的差距。锦州港口目前的势力圈仅局限在行政区西南部的小部分区域,尚不能完全覆盖自己的行政区,更谈不上为辽西区域服务。

　　根据以上分析,我们对锦州港口目前的辐射范围及其与其他邻近港口的差距有了清醒地认识。同时我们也认识到,锦州港口目前刚刚开发不久,处于起步阶段。未来发展潜力如何,有没有可能成为服务整个区域的大港,是我们关心的问题。

　　在不考虑各个港口的运输能力和设备差异的情况下,仅以路上运输时间作为考虑因素,假设区域内任何一点选择港口的唯一因素就是到达港口的时间长短,划分锦州、秦皇岛、营口和葫芦岛 4 个港口的势力圈范围,据此划分出来的势力圈范围就是各个港口的潜在势力圈。由图 4-7 可以看出,锦州港口有很大的潜力,其潜在势力圈不仅覆盖了辽西整个区域,同时还覆盖了内蒙古的赤峰等城市。

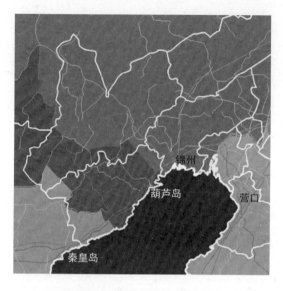

图 4-7　锦州市港口潜在势力圈

案例篇

5 中心城市势力圈动态变化研究

城镇体系所在的区域应当是一个相对完整的区域,这个区域范围应当和中心城市的直接势力圈范围大体一致。城镇体系规划几乎全以各级行政地域为单元开展。尽管在几千年漫长岁月中逐步演变而来的省、市、县级行政区域往往与自然区域、社会经济区域高度一致,但也不能排除有不一致的部分。这一问题在地级市特别突出,因为在实行市带县体制时,中国对市带县的合理范围没有制定具体的标准与依据。当规划的市域范围与中心城市的实际吸引范围差距很大时,把它当作一个完整的体系来规划,其科学性就值得怀疑[22]。

规划开展之初先分析一下中心城市的吸引范围,有利于规划人员对规划的对象有一个正确的认识。在规划中充分考虑地域范围过大或过小的问题是十分有益的。

驻马店位于河南省南部,是河南省重要的地级市之一。现状市域面积15 083km^2,辖1区9县,人口802万,其中中心城区人口31.7万。2001年起,同济大学承担了该市总体规划的编制工作,为了科学确定该市在区域中的地位,需要研究驻马店市的势力圈范围及其动态变化。本研究以各市中心城区人口规模作为主要分析指标,以计算机软件USAP作为分析工具,对各市的势力圈进行划分。

5.1 研究设计

研究划分驻马店市的势力圈现状范围,并研究人口规模的变化及城市重心的移动对势力圈消长的影响。

首先,对驻马店及周边城市的现状势力圈进行划分,并重点分析现状势力圈与行政范围的关系。其次,探讨在周边城市人口规模不变的情况下,驻马店市人口规模的增加所带来的势力圈变化。分别计算驻马店人口规模达到50万、70万和100万人时的势力圈范围,并对其变化作比较分析,进一步推测驻马店市人口规模应达到多少才能使其势力圈覆盖全行政范围。再次,探讨在规模不变的情况下驻马店城市重心分别向南、向北移动对势力圈消长产生的影响,为合理确定城市发展方向提供参考。最后,探讨区域交通状况的改善对势力圈产生的影响。

本次研究中采用的数据来自《中国城市统计年鉴(2000)》,以各市 1999 年底的市区非农业人口总数为指标(表 5-1)。之所以采用该指标是因为公布的城市总人口的统计口径差异较大,可比性差,而非农业人口相对来说是最具可比性的指标。各城市的坐标数据以市区几何中心为准,从地图上直接量出。

表 5-1　驻马店市各地中心城区非农业人口统计(单位:人)

市地名称	中心城区非农业人口规模
驻马店	204 020
信阳	366 304
南阳	477 128
平顶山	619 694
漯河	306 565
周口	189 377
阜阳	319 800

5.2　规模变化对势力圈的影响

利用 USAP 软件计算的驻马店市现状势力圈划分结果如图 5-1 所示,对比分析可知,驻马店现状势力圈东至平舆、新蔡县,西至泌阳县,南到确山县,北到西平、上蔡县,覆盖的地域面积经测算仅有 6 711km^2,不及其行政范围的一半,且有 4 个县(遂平、上蔡、新蔡、正阳)的大部分地区不在其势力圈范围之内。相反,驻马店市域有 8 371km^2 属于其他城市的势力圈之内。其中,属于信阳的面积最多,达 2 544km^2,属于漯河的面积也达 1 737km^2。

图 5-1　驻马店市势力圈现状

从以上分析可知,驻马店现在的中心城区规模明显偏小,集聚与辐射功能薄弱,实际势力圈不能覆盖全部市域,形成小马拉大车的困难局面。实际调查也发现,位于驻马店周边地区的县,如西平县、上蔡县等的经济联系主要是相邻城市,这与势力圈分析的结果是基本一致的。

为了揭示人口规模变化对势力圈消长的影响,我们对其他城市人口规模不变而驻马店人口发展到 50 万、70 万、100 万时的各市势力圈进行了划分。划分结果如图 5-2 所示,相应的势力圈面积见表 5-2。可以看出,驻马店中心城区人口规模的变化对势力圈的影响非常明显。

表 5-2　不同人口规模时的势力圈面积(单位:km^2)

人口规模	势力圈面积
现状	6 711
50 万人	13 753
70 万人	17 727
100 万人	32 148

当驻马店中心城区人口达到 50 万时,其势力圈就拓展到东至新蔡县东侧,西至泌阳县西侧,南至正阳县以南,北至西平县南侧,势力圈内的县城个数从 4 个增长到 8 个,势力圈面积为 13 753km^2,比现状扩大了 1 倍。

当人口发展到 70 万时,驻马店的势力圈继续向外拓展。此时,驻马店的势力圈已经超过了市域面积,但由于漯河和信阳的中心城区距离驻马店市域边界较近,同时驻马店市域范围东西向距离较大,造成驻马店市域东、西、南、北四个角均处于其他市地的势力圈之内。

当人口达到 100 万时,虽然其势力圈面积已经是市域面积的 2 倍,但泌阳县西部的一小块,正阳县南部地区,上蔡县北部地区,以及西平县北部近一半地区(尤其是其县城)仍处于信阳、漯河等市地的势力圈之内。

从以上分析结果推测:当驻马店中心城区人口规模达到 55 万时,其势力圈面积与行政区面积基本一致。由于我们的分析是建立在其他地市的中心城区人口规模不变的假设基础上的,而实际上所有的城市都在发展,只有当驻马店的人口必须是周边各市平均规模的 1.5 倍时,其势力圈面积与市域面积大致相同。需要注意的是,此时驻马店的势力圈范围并未覆盖到其市域的全部,即势力圈范围与行政范围不一致。

仔细观察图 5-2 的动态变化过程可以发现,势力圈随人口规模扩大的拓展在东西和南北两个方向上的速度是不一致的。

（a）人口50万时的
影响腹地状况

（b）人口70万时的
影响腹地状况

（c）人口100万时的
影响腹地状况

⊙ 地（市）
○ 县（市）
—— 地（市）界
—— 县（市）界

图5-2 驻马店市人口规模增加与势力圈的变化

第一，东西向的拓展快于南北向。这是由于驻马店东西两侧的城市与其南北向上的城市相比距离较远，势力圈拓展的阻力较小的缘故。

第二，向南快于向北。驻马店北部有漯河、平顶山和周口三市，而南部只有信阳一市，势力圈向北扩展遇到的阻力大于向南的阻力。

第三,东南、西南方向的拓展潜力最大。这两个方向上由于没有同等级中心城市竞争,势力圈拓展压力最小。

表 5-3 列出了驻马店中心城区人口增长时各个方向的拓展距离。

表 5-3　势力圈各方向的拓展距离(单位:km)

人口规模	势力圈扩展距离			
	向东	向南	向西	向北
现状	/	/	/	/
50 万人	20	10	20	8
70 万人	8	4	6	1
100 万人	6	5	7	4

5.3　城市中心位置的转移给势力圈带来的变化

为了合理确定城市发展方向,研究从城市重心转移与势力圈变化的角度作以下分析。分析的指导思想是:如果城市重心在可能转移范围内转移到使其势力圈获得最大限度扩张的位置,那么,从扩大城市中心辐射影响力的角度来看,城市向这一发展方向发展是值得考虑的。

因此,我们假设在现状人口不变的基础上,考察城市重心分别向南、向北移动 10km 对城市势力圈的影响。之所以选择在南、北两个方向上各移 10km 是基于以下原因:驻马店现在的发展主要是依托南北向的京九铁路和 107 国道,而在东西向上则没有主要的交通干道,因此城市主体向东、西转移的幅度不会很大;另一方面,驻马店现状的中心城区行政范围南北跨度约 20km,城市主体中心超出该范围的可能性也不大,因此我们取南北位移的最大值 10km。

计算结果表明:当驻马店的中心城区向南移动时,势力圈面积扩大了约 $150km^2$,增加 2.18%,而向北移动的话则会缩小超过 $300km^2$,减少 4.72%,揭示了城市向南发展比向北发展有利的有趣现象。但对势力圈消长的影响在 2%～5% 左右,并不能说十分明显。城市向南发展势力圈扩张、向北发展势力圈收缩的现象可通过驻马店与周边城市的相互关系来解释。即驻马店以北分布有平顶山、漯河、周口三市,而南部仅信阳一市,向北发展必然与北部三市在势力圈上激烈竞争导致势力圈的缩小。而向南发展势力圈的阻力相对较小,从而能够使势力圈得到有效的扩张。

5.4 交通条件的改善对势力圈的影响

为了进一步探讨周边城市对驻马店势力圈的影响,分析交通条件的改善给驻马店的势力圈状况带来的变化。

以"摩擦系数"来表示交通的可达性,摩擦系数的值越小,交通条件越好。前面所做的分析都是以摩擦系数为 2.0 进行计算的,假设在驻马店及周边城市的人口均保持现状的情况下交通条件有所改善,使摩擦系数下降到 1.5,重新划分的各市势力圈如图 5-3 所示。

（a）摩擦系数为2.0时
的影响腹地状况

（b）摩擦系数为1.5时
的影响腹地状况

◉ 　地（市）
○ 　县（市）
── 　地（市）界
━━ 　县（市）界

图 5-3　驻马店市交通条件改善与势力圈的变化

可以看出,交通条件的改善对驻马店是不利的,势力圈减少了 1607km² ,约占现状势力圈的 23.6%。而规模较大的平顶山市的势力圈则有了明显的扩张,其范围甚至超越了驻马店的势力圈;漯河、信阳两市势力圈也有所增加。中心地理论可解释这种现象产生的原因,即交通条件的改善使得较高等级城市的辐射半径扩大。从河南省范围来看,由于驻马店规模较小,处于中心地体系的较低等级上,因此交通条件的改善削弱了它的势力圈。

5.5 研究结论

主要结论如下:

第一,驻马店势力圈范围覆盖的地域面积仅有 6711km^2,不及其行政范围的一半,且有 4 个县(遂平、上蔡、新蔡、正阳)大部分不在其势力圈之内。驻马店现在的中心城区规模明显偏小,集聚与辐射功能薄弱。

第二,驻马店人口规模的扩大会直接引起势力圈的扩大,当驻马店人口达到 55 万时,其势力圈面积和市域面积基本相同。考虑到其他城市的发展,只有当驻马店是周边 6 个城市的人口的 1.5 倍时,才能保证其势力圈面积与市域面积大致相同。

第三,驻马店城市重心向南移动对势力圈范围造成的影响优于向北,但总体而言影响并不是十分显著。

第四,由于驻马店在河南省城镇体系中处于相对较低的等级,交通条件的改善会削弱驻马店的势力圈。

6 我国省会城市势力圈划分及其与行政范围的叠合分析

省会城市是全国经济社会发展中的重要组成部分,是全国城市体系中的最重要环节。全国省会城市势力圈的划分可以明确这些城市在全国范围内各自的势力圈范围大小,为各城市在全国范围或区域内准确进行发展定位提供依据。在世界经济一体化和全球城市体系网络结构日趋完善的今天,以有机组合的城市群体参与全球经济竞争已成为 21 世纪各国之间竞争的基础。本研究从定量分析着手,划分出明确的城市势力圈范围,揭示不同省会城市之间势力圈面积的对比情况;同时,在省会城市势力圈基础上叠加省域行政范围进行分析,揭示省会城市对本省域的实际影响程度及其对周边省域的影响程度,结论拟为全国城市体系的编制以及省域行政单元的调整提供依据。

6.1 研究设计

本研究的 31 个省会城市包括北京、上海、天津、重庆 4 个直辖市,以及南京、杭州、福州、济南、合肥、南昌、石家庄、太原、呼和浩特、沈阳、长春、哈尔滨、西安、银川、兰州、西宁、乌鲁木齐、成都、昆明、贵阳、拉萨、武汉、长沙、郑州、南宁、广州、海口;香港、台湾、澳门地区由于特殊的地理社会障碍的阻隔,再加上经济、人口等统计口径的不一致,不列入研究对象范围内。势力圈划分利用 HAP 软件程序进行计算。

首先划分省会城市势力圈,考察各势力圈间的空间关系;然后,把各省会城市势力圈与其所在省份的行政范围叠加,分析省会城市对本省域的实际影响程度及其对周边其他省域的影响程度。将各省根据省会城市势力圈占省域面积百分比进行分类,各省会城市根据势力圈在省内和省外的面积比例分类。综合两种分类进行叠合分析,在新的分类后找出省会城市势力圈与其行政范围的关系。

本研究以城市非农业人口(表 6-1)作为城市规模指标,虽然这一指标有一定缺陷,但在各城市间最具可比性,由此反映城市相对规模较为合理[①]。

---

① 计算城市势力圈时不要求使用城市的绝对规模指标,但要求有比较准确的相对规模指标数据。这是本研究使用非农业人口指标的理由。

表 6-1　省会城市 2000 年底市区非农业人口总数(单位:万人)

省会城市	非农人口	省会城市	非农人口	省会城市	非农人口
上海	983.84	长春	222.32	贵阳	134.12
北京	744.10	杭州	193.26	福州	117.22
天津	509.59	济南	191.72	合肥	110.71
武汉	448.89	太原	190.65	南宁	101.61
广州	415.48	郑州	169.24	呼和浩特	81.75
沈阳	398.10	石家庄	163.23	西宁	63.93
重庆	393.42	昆明	154.96	银川	51.66
南京	282.21	兰州	152.74	海口	51.37
哈尔滨	267.21	长沙	148.93	拉萨	12.45
西安	258.90	南昌	138.65		
成都	234.11	乌鲁木齐	135.90		

注:数据来自《中国城市统计年鉴(2000)》。

6.2　省会城市势力圈的总体特征

图 6-1 为 2000 年全国省会城市势力圈划分结果,不同的色块标示不同的城市势力圈域,由此可以看出全国省会城市势力圈的总体特征。

东部城市势力圈面积较小,西部城市势力圈面积较大,城市势力圈面积并不完全与城市人口成正比。中东部省域面积较小,省份单元比较密集,各省会城市之间的竞争比较激烈;尽管中东部各省会城市的人口和经济实力明显强于西部城市,但城市势力圈面积却相对较小。西部地广人稀,省会城市较少,其影响的势力圈范围面积较大。

东部城市势力圈的隶属比较明确,以北京、上海、广州为龙头的势力圈构架已经形成;中部城市势力圈比较均衡,太原、西安、郑州、武汉、长沙、南昌等中部城市规模相差不大,分布比较均匀,形成均衡的势力圈态势,统领全局的中心城市尚未形成;西部呈现既无中心城市,也非均衡的无序状态。东、中、西部势力圈状况差异与经济发展梯度差异是一致的。

表 6-2 为全国各省会城市势力圈大小的排序,从中可以看出乌鲁木齐的势力圈面积最大,北京、重庆、哈尔滨、成都分列第 2—5 位,杭州的势力圈面积最小,作为全国经济中心城市上海的势力圈面积仅排在第 12 位。

图 6-1 省会城市势力圈划分结果

表 6-2 省会城市势力圈面积(单位:km²)

省会城市	势力圈面积	省会城市	势力圈面积	省会城市	势力圈面积
乌鲁木齐	2 081 118	上海	210 162	南昌	92 606
北京	1 053 158	拉萨	199 552	南京	80 878
重庆	1 031 845	西宁	155 213	天津	80 856
哈尔滨	690 026	贵阳	143 112	呼和浩特	72 061
成都	587 322	太原	138 476	福州	62 493
兰州	495 547	郑州	127 294	石家庄	42 051
昆明	370 657	长春	120 849	海口	36 547
广州	329 502	长沙	118 435	合肥	33 268
西安	283 412	银川	109 653	杭州	26 591
武汉	266 611	济南	106 615		
沈阳	234 536	南宁	104 513		

城市势力圈之间的关系主要有四种类型：并存关系、包含关系、半包含关系、竞争关系。本次研究也大致体现了以上关系，可以明显地看出同级城市之间呈现并存和竞争关系，这种竞争关系在全国层面有北京、上海、重庆、广州等对势力圈的争夺，在小区域范围内譬如石家庄和太原以及南昌和长沙之间的争夺；高等级城市和其影响势力圈内的低等级城市构成包含关系，这类城市有上海和杭州之间，北京和呼和浩特之间，兰州和西宁之间；高等级城市和其影响势力圈边缘的低级城市之间构成半包含关系，这类城市有上海和南京、南京和合肥等。

6.3　省内势力圈构成分析

将全国省会城市势力圈范围与各省域行政范围进行叠加（图 6-1），可发现省会城市势力圈与省级行政范围吻合度较差。首先是核心城市（北京、上海、重庆、广州等）势力圈远远超出其行政范围；其次是省会城市不一定位于省域的几何中心，导致势力圈大大超出本省范围。为了深入分析二者不吻合的情况，需要对势力圈在省内和省外的分布进行定量考察。

由于省会城市势力圈与省级行政范围吻合度较差，一省的空间范围可能分属于几个省会城市的势力圈。通过 GIS 将 HAP 软件得出的势力圈范围叠合到省域范围上，可以测算省内势力圈的构成（表 6-3）。

根据上述结果可将省份分为四类（表 6-4）：第 1 类为省会城市势力圈在本省占据绝对优势（>80%）的地区，如黑龙江、辽宁、北京、海南、新疆、上海、广东等省份；第 2 类为占据较大优势（50%~80%）的地区，如吉林、山东、山西、宁夏、河南、湖北、四川等省份；第 3 类为省会城市势力圈仍占优势，即省会城市势力圈面积大于省外任一省会城市势力圈面积，但外省省会城市在本省内势力圈已占据较大比例的地区，如江西、福建、广西、湖南等；第 4 类为外省省会城市在本省域内势力圈面积占据优势，本省会城市只能在全省局部范围产生影响的地区，如天津、河北、安徽、江苏、浙江、西藏、青海、内蒙古等（表 6-4）。

表 6-4 的分类可以指导各省空间发展战略的制定，例如第 1 类地区应采取单中心的特大城市拉动战略，第 2 类地区就要考虑其他省会城市对本地区发展的影响，第 3、4 类地区要采取多中心的联动战略，等等。

表 6-3　省内势力圈构成

省份	中心城市(势力圈占全省面积比例)
黑龙江	哈尔滨(99.8%)
辽宁	沈阳(84.0%)北京(14.8%)
吉林	长春(60.1%)沈阳(13.2%)哈尔滨(26.6%)
北京	北京(100.0%)
天津	北京(76.6%)天津(23.4%)
山东	济南(60.2%)天津(34.7%)
山西	太原(63.4%)西安(9.9%)郑州(6.3%)
江西	南昌(44.5%)长沙(15.0%)武汉(17.9%)广州(17.0%)
宁夏	银川(53.3%)兰州(45.8%)
河南	郑州(61.3%)西安(13.4%)武汉(19.1%)
安徽	合肥(24.0%)武汉(35.9%)南京(32.7%)上海(13.1%)
内蒙古	呼和浩特(5.2%)北京(65.7%)
海南	海口(99.4%)
西藏	拉萨(16.5%)乌鲁木齐(22.7%)重庆(43.7%)成都(9.8%)
四川	成都(74.8%)重庆(15.1%)兰州(4.4%)
重庆	重庆(90.2%)西安(9.8%)
上海	上海(99.6%)
浙江	上海(74.1%)杭州(25.6%)
湖北	武汉(72.3%)西安(15.3%)重庆(12.3%)
陕西	西安(77.3%)太原(16.9%)
广东	广州(97.7%)
云南	昆明(85.5%)重庆(7.0%)成都(6.7%)
福建	福州(49.5%)广州(18.3%)上海(17.0%)南昌(15.2%)
湖南	长沙(44.4%)武汉(18.7%)重庆(24.1%)广州(12.4%)
江苏	上海(58.7%)南京(34.5%)济南(6.8%)
广西	南宁(42.9%)广州(31.2%)贵阳(22.4%)
河北	北京(67.5%)石家庄(19.9%)天津(11.4%)
贵州	贵阳(50.7%)重庆(45.2%)昆明(3.9%)
新疆	乌鲁木齐(99.8%)北京(0.1%)
青海	西宁(19.1%)兰州(28.0%)乌鲁木齐(13.9%)成都(10.0%)重庆(25.2%)
甘肃	兰州(60.1%)乌鲁木齐(14.2%)北京(18.1%)西安(10.5%)

表 6-4 根据势力圈占省内面积比例的分类

类型	省会城市势力圈占本省面积比例	省份(主要势力圈的城市)
第 1 类	>80%	黑龙江(哈尔滨)、辽宁(沈阳)、北京、海南(海口)、新疆(乌鲁木齐)、上海、广东(广州)、重庆、云南(昆明)
第 2 类	50%~80%	吉林(长春)、山东(济南)、山西(太原)、宁夏(银川)、河南(郑州)、湖北(武汉)、四川(成都)、甘肃(兰州)、贵州(贵阳)、陕西(西安)
第 3 类	<50%占主导地位	江西(南昌、长沙、武汉、广州)、福建(福州、广州)、广西(南宁、广州、贵阳)、湖南(长沙、武汉、重庆、广州)
第 4 类	<50%不占主导地位	天津(北京、天津)、河北(北京、石家庄)、安徽(武汉、合肥、上海、南京)、江苏(上海、南京)、浙江(上海、杭州)、西藏(重庆、乌鲁木齐、拉萨)、青海(兰州、重庆、西宁、乌鲁木齐)、内蒙古(北京、呼和浩特)

6.4 势力圈跨省域分析

由于省会城市势力圈与省级行政范围不吻合,省会城市势力圈就可能覆盖到他省的范围内,对省会城市跨省势力圈大小的分析,可以揭示省会城市是否具有影响他省的势力,以及这种势力的大小,对省际都市圈域的建立具有一定意义。

通过 GIS 和 HAP 势力圈划分结果的叠加,可测算各省会城市势力圈中省内省外的面积比例(表 6-5)。

据此可将省会城市分成以下四类(表 6-6):第 1 类为势力圈中本省面积小于 30%,这些省会城市是典型的全国中心城市,属于此类城市的都为直辖市,即北京、上海、重庆、天津四市;第 2 类为势力圈中本省面积占 30%~60%的城市,这些城市具有一定的省际城市的特征,如沈阳、兰州、银川、长沙、广州、南京、武汉、西安,是全国性的中心城市;第 3 类为势力圈大部分(60%~80%)在本省范围内,此类城市仅为省域内强中心城市,对外省作用力较小,如太原、乌鲁木齐、成都、贵阳、南昌、长沙、哈尔滨;第 4 类为势力圈绝大部分(80%以上)在本省省域内,该类城市为省内中心城市,其对外省作用力很小。

表 6-5　势力圈跨省域分析

城市	省(势力圈面积比例)
哈尔滨	黑龙江(65.6%)内蒙古(26.6%)吉林(7.5%)
长春	吉林(96.6%)内蒙古(2.1%)
沈阳	辽宁(54.0%)内蒙古(34.9%)吉林(10.8%)
北京	北京(2.0%)内蒙古(65.1%)河北(11.7%)西藏(6.8%)
呼和浩特	山西(9.4%)内蒙古(89.7%)
太原	山西(70.8%)陕西(24.9%)河南(2.5%)
石家庄	山东(3.53%)河北(85.5%)河南(8.4%)
西安	陕西(55.7%)河南(8.0%)湖北(10.3%)甘肃(14.6%)
乌鲁木齐	新疆(79.5%)西藏(13.2%)
成都	四川(62.0%)西藏(20.2%)青海(8.5%)云南(4.4%)
拉萨	西藏(100.0%)
西宁	青海(86.7%)甘肃(13.4%)
兰州	青海(40.0%)甘肃(43.0%)
银川	宁夏(24.2%)内蒙古(67.1%)
昆明	云南(91.3%)
贵阳	广西(36.8%)贵州(61.7%)
海口	海南(99.4%)
广州	广东(54.1%)广西(22.2%)湖南(8.1%)江西(8.5%)
福州	福建(99.7%)
上海	上海(8.1%)江苏(29.0%)浙江(36.7%)西藏(7.2%)福建(10.2%)安徽(8.8%)
南昌	江西(79.4%)福建(20.6%)
长沙	湖南(78.8%)江西(21.0%)
武汉	湖北(50.1%)安徽(12.0%)河南(12.1%)江西(11.0%)湖南(14.7%)
杭州	浙江(100.0%)
合肥	安徽(100.0%)
天津	天津(7.0%)山东(67.1%)河北(25.3%)
郑州	河南(81.5%)山东(4.8%)安徽(5.8%)
济南	山东(88.2%)
重庆	西藏(51.3%)青海(17.2%)重庆(6.86%)四川(6.27%)
南京	江苏(43.6%)安徽(55.9%)
南宁	广西(96.4%)

表 6-6　按势力圈跨省域状况的分类

类型	本省内势力圈所占比例	城市
第 1 类	<30%	北京、上海、天津、重庆
第 2 类	30%～60%	沈阳、西安、兰州、银川、广州、南京、武汉
第 3 类	60%～80%	太原、乌鲁木齐、成都、贵阳、南昌、长沙、哈尔滨
第 4 类	>80%	长春、石家庄、拉萨、昆明、南宁、海口、福州、杭州、合肥、济南、呼和浩特、西宁、郑州

6.5　势力圈与省域行政边界关系分析

综合考虑省域内各城市势力圈面积构成和省会城市势力圈跨省的情况,又可以将省会城市划分为新的四类(表 6-7)。

表 6-7　省会城市势力圈与其行政范围叠合分类

类型	特征	城市
第 1 类	省会城市势力圈远大于行政范围	北京、上海、重庆、沈阳、西安、兰州、银川、广州、武汉
第 2 类	省会城市势力圈与行政范围错位	天津、南京
第 3 类	省会城市势力圈与行政范围基本吻合	太原、乌鲁木齐、成都、郑州、长春、昆明、海口、济南、哈尔滨
第 4 类	省会城市势力圈远小于行政范围	南昌、长沙、福州、南宁、石家庄、合肥、杭州、拉萨、西宁、呼和浩特、贵阳

把既具有表 6-4 中的 1、2 类特征,又具有表 6-6 中的 1、2 类特征的省会城市划分为第 1 类。这些城市具有较强影响力,不仅在本省具有绝对的作用力,而且对周边几个省份具有相对作用力,也就是势力圈远大于行政范围,如北京、上海等。把既具有表 6-4 的 3、4 类特征,又具有表 6-6 的 1、2 类特征的省会城市划分为第 2 类,这类城市在本省内势力圈只占省域面积较小比例,而在外省却占较大比例,它们属于势力圈和其行政管辖范围相互错位的类型,有南京、天津两市。把既具有表 6-4 中的 1、2 类特征,又具有表 6-6 中的 3、4 类特征的省会城市划分为第 3 类,这类城市在本省内势力圈占省域面积的较大比例,势力圈主要范围在本省内,势力圈和行政管辖范围基本重合,如乌鲁木齐、太原、成都、郑州等。把既具有表 6-4 中的 3、4 类特征,又具有表 6-6 中的 3、4 类特征的省会城市划分为第 4 类,这类城市在本省内势力圈只占省域较小比例,又不能辐

射到他省范围内,是势力圈远小于行政范围的城市,如南昌、长沙、合肥、杭州等。

以上划分结果可为省域行政区划的调整提供参考,同时也为新直辖市的设立提供参考依据。

6.6 结论

主要结论如下:

第一,东部城市势力圈较小,西部城市势力圈较大。

第二,东部城市势力圈的隶属比较明确,以北京、上海、广州为龙头的势力圈构架已经形成;中部势力圈比较均衡,太原、西安、郑州、武汉、长沙、南昌势力圈态势均衡,统领全局的中心城市尚未形成;西部呈现既无中心城市,也非均衡的无序态势。东、中、西部的势力圈状况差异与经济发展的梯度相适应。

第三,从势力圈与行政范围关系可将省会城市分为四类。第 1 类省会城市有较强影响力,势力圈范围远大于省域行政范围。第 2 类省会城市影响势力圈和其行政管辖范围不相重合,相互错开。第 3 类省会城市势力圈和行政管辖范围基本重合。第 4 类省会城市势力圈远小于其行政范围。

7 沪宁杭地区城市势力圈划分
及其动态变化研究

沪宁杭城市密集区位于东南部沿海,是我国城市密度最高的地区之一,也是长江三角洲城市群的核心部分。该区域内交通、通讯、人流和物流密集,是我国重要的经济文化中心。

沪宁杭城市密集区包括上海、南京、杭州和 11 个地级市,区域自然条件优越,历史、经济基础好。改革开放,特别是社会主义市场经济体制的建立,极大地促进了区域内城市的发展。

目前,在进一步改革开放和全球化的潮流下,沪宁杭地区面临着一系列新的发展机遇和挑战,各个城市在区域中的势力范围面临着新一轮的重组重构。在这种情况下,城市之间相互依赖的同时相互竞争也愈演愈烈,每个城市都在努力提高自身的辐射力来提高自己在区域中的地位。为了了解各城市在区域中的势力范围,以及各城市的势力圈动态变化情况,本研究对沪宁杭城市密集区内各个城市的势力圈进行了深入分析。划分势力圈不仅可以帮助我们正确把握各个城市的实体范围,指导各级城镇体系规划和城市总体规划的编制,同时还能够对区域内重大基础设施的合理配套建设提供有力依据。本次对沪宁杭地区的势力圈划分及动态分析就可以为该地区的国土规划和区域协调规划提供依据和参考。

本次研究在使用 USAP 软件系统将各个城市的势力圈范围划分出来以后,为了计算各个城市势力圈区域内的面积、人口和经济指标,使用了 GIS 的 ArcView 3.1软件进行空间叠合分析,使结果更丰富、全面。

7.1 研究设计

研究的主要目的是对沪宁杭区域内各城市的势力圈进行划分,揭示各城市腹地间的关系和空间特征,同时考察腹地的动态变化。研究内容包括:

第一,对沪宁杭区域内各城市的势力圈进行划分,考察各城市势力圈的空间关系。

第二,计算各城市势力圈的面积,势力圈内人口和势力圈内工业总产值,并与城市行政区内的社会经济指标进行对比分析。

第三,划分各城市 1985 年的势力圈,并与现状势力圈对比。分析在最近 15 年里,各城市势力圈在空间、面积、人口和工业总产值方面的变化。

第四,根据各城市 2020 年的人口预测,划分 2020 年各城市的势力圈,并与现状进行对比。

本次研究中采用的数据来自《中国城市统计年鉴(2001)》和《中国城市统计年鉴(1986)》,以各市 2000 年底和 1985 年底的市区非农业人口为指标,各个城市 2020 年的规划人口来自相关规划文本[①],各城市的坐标数据从地图上直接量出(表 7-1)[②]。

表 7-1 沪宁杭城市密集区各城市人口(单位:万人)

城市	1985 年市区非农人口	2000 年市区非农人口	2020 年市区规划人口
上海	687.13	938.21	1600
南京	191.86	255.86	340
杭州	101.78	143.69	370
苏州	63.42	89.18	155
无锡	72.46	99.28	155
常州	46.10	81.75	145
镇江	33.68	51.87	80
扬州	32.15	42.42	80
泰州	14.32	29.11	55
南通	30.88	48.64	100
宁波	55.23	77.22	230
嘉兴	21.02	28.47	80
湖州	20.85	31.47	50
绍兴	16.71	28.92	100

注:(1) 这里所使用的上海市 2020 年人口是上海市全市的规划人口。

(2) 沪宁杭区域应该还包括舟山市,但是由于舟山市由一些海岛组成,USAP 应用程序目前尚不能识别河流、江海等自然阻隔。因此,在本次研究中不包括舟山市。

---

① 江苏省城市的规划人口来自江苏省城镇体系规划,浙江省各个城市的规划人口来自各城市的总体规划,上海市 2020 年人口来自上海市总体规划。

② 在使用 GIS 的空间叠合功能计算各个城市的势力圈内人口和腹地内工业总产值时需要区域内各县、市 2000 年的人口密度和工业总产值数据,由于这部分基础数据冗长,在这里将数据表格省略。2000 年人口密度资料来自《中国县市统计资料(2001)》;工业总产值数据来自《江苏省统计年鉴(2001)》和《浙江省统计年鉴(2000)》。

7.2 沪宁杭区域现状势力圈分析

7.2.1 沪宁杭区域各城市势力圈的空间分析

1. 沪宁杭区域势力圈分布的空间特点

图 7-1 是由 USAP 划分的沪宁杭地区内各城市 2000 年的势力圈。上海的势力圈覆盖了大部分的区域,并渗透到除南京、镇江以外的其他所有城市的行政范围内。除上海外,南京和杭州的势力圈所覆盖的区域也较大。南京位于区域的西北部,其势力圈范围已经扩展到与其相邻的扬州、镇江和泰州地区;杭州则位于区域的西南部,势力圈范围到达周边的湖州、嘉兴和绍兴。苏州、无锡和常州由于距离较近,城市间联系密切,竞争激烈,形成的势力圈比较小;而扬州、泰州和镇江虽然规模不大,但由于位于上海和南京的影响力薄弱地带,也形成了一定规模的腹地。详细分析沪宁杭区域内各城市的势力圈,可发现七个方面的空间特点。

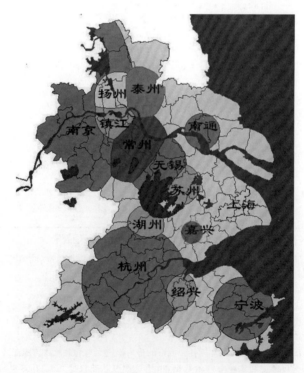

图 7-1 沪宁杭区域城市势力圈现状

（1）上海、南京和杭州作为区域中规模最大的3个城市,地理位置正好处于区域的3个端点上,各自形成了较大范围的势力圈,构成了"三足鼎立"的格局。上海作为区域的首位城市,位于区域东部沿海,其势力圈基本覆盖了整个东部沿海地区;而区域的第二大城市——南京,则位于区域的西北角,势力圈覆盖了区域西北部的大部分地区;杭州则位于区域的西南部,因此区域西南部的大部分地区都在它的势力圈内。

（2）上海的势力圈包括与其行政区直接相连的直接势力圈,以及在泰州、杭州、湖州和绍兴境内的飞地。由此可将上海的势力圈划分为两个部分——核心势力圈和外围势力圈。核心势力圈指与上海行政区直接相连的三角形势力圈范围,包括上海市域和苏州的张家港、常熟、昆山、吴江,以及嘉兴的嘉善、平湖、桐乡和海宁的部分地区。上海的外围势力圈包括长江以北南通的大部分地区和泰州的泰兴、靖江,以及杭州湾以南的宁波和绍兴的部分地区。

（3）南京和杭州在区域的西北部和西南部也有较大的势力圈范围。南京虽然有较强的辐射能力,但由于地理位置靠近区域边缘地区,其大部分腹地都在沪宁杭区域以外,在长江三角洲内的势力圈相对较小。杭州则不然,由于地理位置比较适中,它在沪宁杭区域里有较完整的势力圈,但是由于杭州自身影响力有限,无法覆盖整个西南部地区,其境内的淳安、建德和临安的部分区域仍处于上海的势力圈影响内。

（4）苏州、无锡和常州3个城市位于区域的中心位置,同时也位于3个主要城市影响力的薄弱地区。从规模上看,3个城市的规模相当,城区非农人口都在80万～90万人。无锡的规模最大,苏州其次,常州最小。但是,从腹地面积上看,距离上海最远的常州的腹地面积最大,其次是无锡,再次是距离上海最近的苏州。不难看出,对于规模相当的城市,距离高等级城市——上海的远近决定了其城市势力圈的大小。

（5）位于区域西北部的扬州、镇江和泰州三市规模相当、相距较近,都距离高等级城市——上海较远,同时又位于南京势力圈的边缘地区。因此在区域中也形成了一定规模的势力圈。

（6）所有城市中势力圈面积最小的是距离上海最近的嘉兴,这反映了上海对周边地区绝对的支配地位。

（7）宁波市在区域东南隅有自己的势力圈范围,由于在沪宁杭地区中距离3个主要城市较远,具备成为区域次中心的区位条件。但由于自身实力不强,目前仍处在上海势力圈的包围中。

2. 沪宁杭区域各城市势力圈的空间关系

根据笔者 2000 年在上虞市城镇势力圈划分的实证分析中总结的城市腹地间的四种空间相互作用关系，对沪宁杭区域内城市腹地关系可分类见表 7-2。

表 7-2　沪宁杭区域内城市的势力圈关系

势力圈空间关系	沪宁杭区域内城市势力圈间的关系
并存关系	常州和无锡；无锡和苏州；扬州和镇江、泰州
包含关系	上海和嘉兴；上海和南通；上海和宁波
半包含关系	杭州和绍兴；杭州和湖州；南京和镇江、扬州
竞争关系	南京、扬州、镇江和泰州

3. 城市影响力强弱势分析

使用 USAP 可以对沪宁杭区域内各个城市的影响力强度的分布进行计算（图 7-2）。图中较亮的区域是城市影响力强的区域，较暗的区域是城市影响力较弱的区域。

图 7-2　沪宁杭区域各城市影响力强度分布图

由图 7-2 可以看出,沪宁杭区域内城市影响力的弱势地区包括:扬州和泰州北部的宝应、高邮和兴化的大部分地区;湖州长兴和无锡宜兴的部分地区;泰州和南通之间的部分区域,包括如皋和海安的大部分区域;杭州淳安、建德和临安的部分地区;以及绍兴和宁波南部的宁海、嵊州的大部分地区。这些地区在区域中受到上位城市的影响力较弱,低等级城市(县级城市)有相对较好的发展潜力。

7.2.2 各市势力圈内社会经济总量分析

根据 USAP 的势力圈划分结果,使用 GIS 的空间叠合功能,计算各个城市的影响势力圈面积、势力圈内人口以及势力圈范围内的工业总产值,并分别计算它们在区域中的比重(表 7-3)。

表 7-3 各城市势力圈的社会经济指标

城市	面积(km^2)		人口(万人)		工业总产值(亿元)	
	数值	比重	数值	比重	数值	比重
上海	38311	42.10%	3347	45.80%	10003	49.70%
南京	12467	13.70%	842	11.50%	1873	9.30%
杭州	14569	16.00%	776	10.60%	1819	9.00%
苏州	1568	1.70%	201	2.70%	929	4.60%
无锡	2457	2.70%	325	4.50%	1497	7.40%
常州	4439	4.90%	441	6.00%	1147	5.70%
镇江	1630	1.80%	153	2.10%	375	1.90%
扬州	1900	2.10%	124	1.70%	315	1.60%
泰州	2972	3.30%	272	3.70%	328	1.60%
南通	1638	1.80%	198	2.70%	455	2.30%
宁波	5164	5.70%	335	4.60%	767	3.80%
嘉兴	713	0.80%	63	0.80%	65	0.30%
湖州	1532	1.70%	94	1.30%	132	0.70%
绍兴	1655	1.80%	139	1.90%	440	2.20%

注:由于扣除了水域及一些小岛的面积,与统计年鉴上的数据有一定偏差。

1. 各城市势力圈面积分析

从图 7-2 和表 7-3 可以看出,上海的势力圈面积远远高于其他城市,覆盖面积达到 38311km^2,占区域总面积的 42%。在上海的强烈辐射下,距离上海较近的嘉兴势力圈拓展阻力较大,势力圈面积最小,仅有 $713km^2$,是区域总面积的 0.8%;杭州市的势力圈面积为 $14\,569km^2$,位居第二,占区域总面积的16%;再次是南京,势力圈面积为 $12\,467km^2$,占区域总面积的14%。

从势力圈与行政区的关系来看,上海、南京和常州的势力圈的面积大于其行政区面积,上海的势力圈面积是其行政区面积的 6.5 倍,是势力圈面积超出行政区面积最多的城市;南京和常州的势力圈面积分别是其行政区面积的 1.8 倍和 1.1 倍。其余城市的势力圈面积均小于行政区面积,并且,在这些城市里,只有杭州、无锡、宁波和泰州的势力圈面积达到行政区面积的一半。相对于行政区面积而言,势力圈面积最小的是嘉兴市和南通市,仅覆盖了其行政区面积的 19%(图 7-3)。

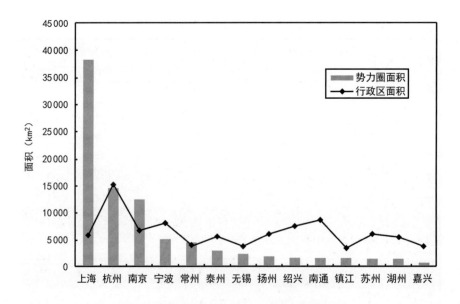

图 7-3　各城市的势力圈和行政区面积对比图

2. 各城市势力圈内人口分析

由表 7-3 可以看出,上海的势力圈不仅在面积上远远高于其他城市,其势力圈内人口也达到了 3 347 万人,占区域总人口的 46%。上海南部的嘉兴市仍然是势力圈内人口最少的城市,仅有 63 万人,尚不及区域总人口的 1%。南京势力圈内人口为 842 万人,仅次于上海,占区域总人口的 12%;其次是杭州,势力圈内人口为 776 万人,占区域总人口的 11%。

14 个城市中上海、南京和杭州的势力圈内人口高出其行政区人口,其中上

海的势力圈内人口是其行政区人口的 2.6 倍,南京和杭州的势力圈内人口分别
是其行政区人口的 1.6 倍和 1.3 倍。另外,常州市的势力圈内人口也略高于其
行政区内人口,而其余 10 个城市的势力圈内人口均低于其行政区人口,其中苏
州、扬州、南通、嘉兴、湖州和绍兴的势力圈内人口尚不及其行政区人口的一半
(图 7-4)。

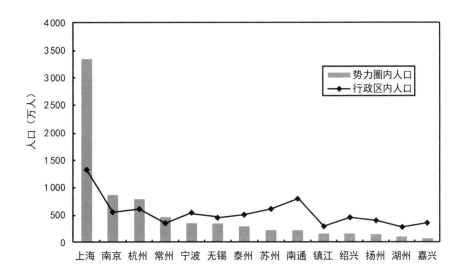

图 7-4　各城市的势力圈内和行政区内人口对比图

3. 各城市势力圈内工业总产值分析

表 7-3 还反映出,2000 年上海势力圈内的工业总产值达到 10 003 亿元,几
乎占整个区域内工业总产值的一半,而南京和杭州的势力圈内工业总产值则为
1873 亿元和 1819 亿元,分别占区域总量的 9.3% 和 9%。势力圈内工业总产值
最少的城市仍然是嘉兴,仅有 65 亿元,仅为区域总量的 0.3%。

14 个城市中,只有上海、南京、杭州和常州的势力圈内工业总产值高于其
行政区内的工业总产值,其中上海高出最多,势力圈内工业总产值是行政区内的
1.43 倍,南京和杭州的势力圈内工业总产值分别是其行政区内工业总产值的
1.19 和 1.20 倍。其余城市的势力圈内工业总产值均不及行政区内的工业总产
值。嘉兴的势力圈内总产值仅占行政区内工业总产值的比重的 13%,是所有城
市中最低的;其次是苏州,虽然苏州的势力圈内工业总产值在区域中的比重并
不低,但是与其行政区工业总产值相比,只有 39%(图 7-5)。

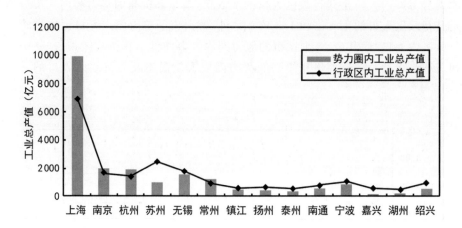

图 7-5　各城市的势力圈内和行政区内工业总产值对比图

4. 沪宁杭区域城市势力圈的社会经济指标分布的整体分析

由以上分析可知,上海在沪宁杭城市密集区域中的龙头地位是不容置疑的,整个沪宁杭区域中 42% 的面积、46% 的人口和 50% 的工业总产值都在其势力圈内;南京市和杭州市作为区域的副中心城市,也有较强的辐射能力,二者的势力圈面积共占沪宁杭区域总面积的 30%,势力圈内人口占区域总人口的 22%,所覆盖的工业总产值共占区域总量的 18%。上海、南京和杭州 3 个城市的势力圈面积就已经占据了沪宁杭区域总面积的 72%,总人口和工业产值总量的 68%。其余 11 个城市所有势力圈之和仅占区域面积的 28%,总人口和工业产值总量的 32%(图 7-6)。

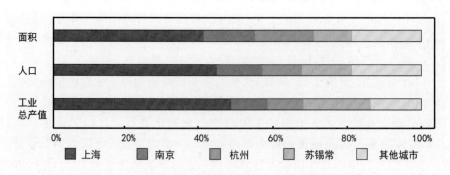

图 7-6　沪宁杭区域城市势力圈的社会经济指标整体分布

7.3　沪宁杭地区城市势力圈动态变化分析

7.3.1　1985—2000 年各市势力圈变化分析

使用相同的方法对 1985 年沪宁杭区域内各个城市的势力圈进行划分,将划分结果与 2000 年势力圈进行了对比。

结果表明上海、南京、无锡、扬州和嘉兴这 5 个城市的势力圈面积在过去的 15 年中减少了。上海势力圈面积减少最多,减少了 1913km^2,占其 1985 年势力圈面积的 5%;其次是南京,15 年内势力圈面积减少了 465km^2,占其 1985 年势力圈面积的 4%;势力圈面积减少幅度最大的是扬州市,虽然减少量只有 243km^2,但是却占其 1985 年势力圈面积的 11%。除以上 5 个城市外,其他城市的势力圈面积都增加了。常州和泰州的势力圈面积在最近 15 年里分别增加了 875km^2 和 869km^2,与 1985 年的势力圈面积相比分别增加 25% 和 41%,是势力圈面积增加最多城市。此外,绍兴、杭州和宁波的势力圈面积也有一定的增加(图 7-7)。

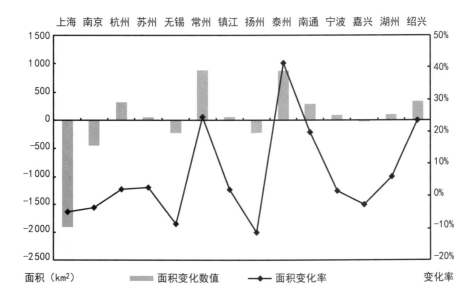

图 7-7　1985—2000 年各城市势力圈面积变化图

虽然各城市的势力圈在这 15 年里发生了以上变化,但总体来看,1985 年沪宁杭区域各城市的势力圈与现状的势力圈并无结构性的变化。

7.3.2 2000—2020年各市势力圈变化分析

根据相关规划对各市人口的预测,可对沪宁杭地区各城市2020年在区域中的势力圈进行划分(图7-8)。

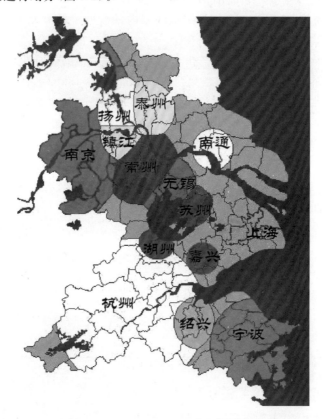

图7-8 2020年沪宁杭区域城市势力圈预测范围图

通过与现状对比,发现各市的势力圈将发生较大的变化(图7-9)。区域南部浙江省的杭州、宁波的势力圈有明显的增加。杭州的势力圈面积增加的最多,增加面积为5542km²,是现状势力圈的38%,几乎达到南京势力圈的2倍。其次是宁波市,势力圈增加3484km²,比2000年增加67%。嘉兴、扬州、常州和南通的势力圈面积也有一定的增加。

相反,20年后上海、南京、无锡、湖州和镇江的势力圈面积将有不同程度的减少。其中,减少最多的是上海,预测势力圈面积将减少9475km²,是现状势力圈的25%;其次是南京,势力圈面积减少2398km²,是2000年势力圈的19%。另外,湖州和无锡的势力圈面积与现状相比,分别减少21%和10%。

综上所述,到 2020 年,区域内各市的势力圈空间结构将呈现以下变化:上海市在区域中的绝对主导地位继续下降,南京在区域中的势力圈面积出现萎缩;而杭州和宁波的势力圈面积大幅增加,杭州将巩固其区域辐射力第二大城市的地位,宁波都市圈也将有可能形成。除了个别城市外(无锡和湖州),区域内中小城市的势力圈面积普遍有较大拓展。

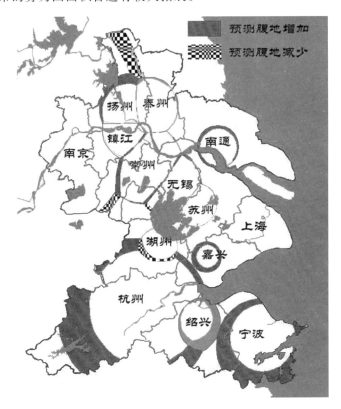

图 7-9　2020 年沪宁杭区域城市势力圈预测变化图

7.4　研究结论

通过以上分析可以得到以下结论:

第一,无论是 1985 年还是 2000 年,沪宁杭区域的中心城市是上海,区域内除南京、镇江和扬州外,其余城市均在其势力圈影响范围内,它在沪宁杭城市密集区域中的龙头地位是不容置疑的,目前整个沪宁杭区域中将近一半的面积、人口和工业总产值都在其势力圈内;南京市和杭州市作为区域的副中心城市,也有较强的辐射能力。区域 2/3 以上的面积、人口和工业总产值在 3 个最大的城市——上海、南京和杭州的势力圈内。而其余的 11 个城市一共仅占据了区域约 1/3 的面积、人口和工业总产值。

第二,15 年来整个区域的城市势力圈情况并未发生结构性变化。除常州和泰州的势力圈有较大的拓展,以及由于这些城市的势力圈拓展带来周边的城市势力圈减少以外,整个区域的影响势力圈情况并没有太大的变化。上海在这一期间势力圈面积呈减少趋势。

第三,2020 年区域内各个城市在区域中的势力圈空间结构有较大变化,上海市在区域中的绝对主导地位下降,南京在区域中的势力圈面积开始萎缩。而杭州和宁波的势力圈面积却大幅增加,宁波都市圈将有可能形成。

8 乡镇合并与行政区划调整

近年来,大力发展小城镇成为我国推进城市化进程的主要途径,同时也作为一项重要的方针政策被强调和提出。但是,目前全国范围内小城镇遍地开花的现象对区域和小城镇本身的发展都不利。从区域角度来说,由于大部分小城镇都存在规模小、建设标准低等问题,导致整个区域资源的配置效率低,从而影响区域整体的高效发展。从小城镇自身角度来说,过小的城镇规模起不到产业集聚、人口集中和促进第三产业发展的作用,从而也阻碍了小城镇自身的发展。

为了使小城镇的发展真正成为推进我国城镇化进程的途径,必须进行乡镇合并,从区域的角度出发进行更有效的资源配置,形成城镇间良好的互动发展关系,推动区域的健康发展。最近几年,一些地区已经进行了这种有益的尝试,浙江省和江苏省前不久完成了乡镇合并的行政区划调整工作,广东省也已经制定了乡镇合并的指标,预计其他地区也将逐步启动相应的程序,大规模的乡镇合并工作将在全国范围内紧锣密鼓地展开。

乡镇合并的紧迫性主要体现在以下三个方面。

第一,现有的乡镇行政区划与社会经济发展要求不相适应。

现有的乡镇行政区划大部分是二三十年前确定的,当时确定的行政区划与当时的农村生产力水平、农民生活习俗以及计划经济体制相适应。由于我国社会生产力的飞速发展,农业现代化的推进,以及社会主义市场经济体制的建立,现有的行政区划已经不能适应社会经济的发展[23]。

第二,乡镇规模偏小,规模效益差,重复建设浪费大。

目前大多数小城镇都存在着规模过小的问题,各自为政的体制特征使它们的市政和公共设施建设出现配套不合理趋势,由于服务的人口过少,所建的各种设施不具备使其赢利的门槛规模,因而设施利用率低、效益差,资源和投资浪费,重复建设现象严重[24]。

第三,管理幅度小,机构设置多,管理成本大。

虽然许多乡镇的规模比较小,但行政配置"麻雀虽小,五脏俱全",每个乡镇都要配置相应的人员干部编制,造成乡镇机构设置多,管理成本大的问题。例如,安徽省天长市共 60 万人口,有 33 个乡镇,平均每个乡镇不到 2 万人,却要配齐五大班子,负担四五百个脱产人员的工资收入,农民负担相当重,如果把乡都撤掉,改建成 6 个大镇,一下子就裁减掉 80％的机构,精简掉一半以上的脱产人员①。

8.1　问题的提出及解决思路

8.1.1　传统的乡镇合并的方法以及存在的问题

　　传统的乡镇合并工作主要依靠经验,缺乏必要的科学分析依据,撤并标准的制定也没有经过严密的推理论证,导致乡镇合并过程中出现许多不合理和不完善的方面。以 2001 年下半年广东省出台的关于乡镇合并的指标为例,省政府规定全省要合并 15％的乡镇,并将全省分 4 个区,对哪些乡镇可以合并制定了一个粗略的规定②。但是具体到为什么合并 15％却缺乏严密的论证,对于如何合并等问题也没有给出具体的方法指导。这种以规章制度的形式出台的合并标准,本质上是出于政治判断而非出自科学论证。乡镇合并的最终决策需要政治判断,但是如果这一判断缺少严谨的科学论证,就有可能导致失误。

8.1.2　研究目的

　　城镇有其行政管理范围,也有相应的社会经济势力圈即城镇的势力圈,二者一般情况下不完全一致,如果二者相差较大就会降低城镇管理的效率。因此,我们希望在进行乡镇合并和行政区划调整时使二者尽量一致。在这个方面,国外已经有了许多尝试,如瑞典的雅各布松[25]等做过类似的探讨。本次研究的目的就是在他们研究的基础上,将城镇势力圈的概念引入我国的乡镇合并中,尝试在以往定性分析进行乡镇合并的基础上引入定量分析,提出一套适用于乡镇合并的科学方法,并应用该方法进行实证研究。

　　基于上述目的,本次乡镇合并的主要的原则有以下两点:

　　第一,一致性原则。使各个镇的行政边界范围与它的势力圈尽量一致,是本次乡镇合并的最主要原则。

　　第二,基本规模原则。合并后的每一个乡镇都必须达到我们所认为的基本合理规模,使这些城镇有足够量的势力圈人口支撑其发展。

---

　　① 资料来自因特网 http://construct. xz. gov. cn/czjs/080001020501. htm。

　　② 广东省所制定的可以撤并的乡镇的统一标准为:珠江三角洲地区面积为 45km²,人口 4 万以下;粤东地区面积为 50km²,人口 3 万以下;粤西地区面积为 55km²,人口 1.5 万以下;粤北地区面积 70km²,人口 1.5 万以下;其他地区面积 30km² 或人口 1 万人以下。

8.1.3 研究区域的选择

为了便于研究和计算,研究区域的选取主要考虑了以下三个方面:

(1)被选择区域应位于平原地区,且受大江、大河和主要交通干线分割较少。这样,研究对象地域就更接近理想的"均质"状态[①];

(2)被选择的区域应有比较可信的各乡镇发展条件和潜力资料,以便对各乡镇发展前景作出综合评价[②];

(3)被选择的区域必须有较齐全的各个乡镇的建成区现状人口资料,以便于进行势力圈的计算。

结合驻马店地区城镇体系规划工作的开展,最终选择了位于华北平原地区的河南省平舆县(图 8-1)。

图 8-1 平舆县行政区划图

平舆县位于河南省东南部,驻马店市的东部。全县辖 18 个乡镇,264 个行政村,总面积为 1285.12km^2,总人口 88.48 万人。现有的乡镇中,建成区常住

---

① 比较"均质"的平原地区内一般人口的分布也比较均衡,在计算各个乡镇势力圈内人口时,可以通过面积推算人口;另外,HAP 程序目前尚不能识别山地、河流等自然障碍,选择"均质"的平原地区可将问题简化。

② 在 2001 年的驻马店市总体规划时,为了了解各个县的基本情况,对每个县都进行了表格形式的调查。"各个乡镇发展前景专家调查问卷"的主要内容是由所调查的县的相关专业人员对县域内的乡镇建设发展前景进行评价,以分值的形式表示出来。

人口达到 5 万人的只有县城所在镇——古槐镇;达到 1 万～1.5 万人的有 2 个,即杨埠镇、东和店镇;在 0.5 万～0.8 万人之间的有 4 个;其余乡镇的建成区常住人口只有 0.3 万～0.5 万人。为了增强中心城镇集聚能力,减少行政单位的设置,避免重复建设,迫切需要进行乡镇合并。

8.1.4 乡镇合并标准的确定

根据俞燕山[26]的分析:10 万人以上规模的小城镇效率最高;其次是城镇规模为 5 万～10 万人的小城镇;再其次是 3 万～5 万人口规模的小城镇;城镇效率最差的是 1 万～3 万人口规模的小城镇(表 8-1)。因此,我们在进行本次平舆县乡镇合并的方法研究时,将乡镇合并的最低标准定为城镇建成区内常住人口不少于 3 万人。但是,由于平舆县目前的城镇化水平相当低,能达到 3 万人水平的还很少,在进行乡镇合并时考虑到为平舆县城镇化留有余地,假设 21 世纪中期其城镇化水平达到 50%,则合并后的城镇的镇域人口应不少于 6 万人。因此,以每个合并后的城镇的镇域范围内的人口不少于 6 万人作为本次乡镇合并的基本规模标准。

表 8-1　全国部分建制镇经济效益分析表[26]

规模等级	人均用地 (hm²/人)	人均 总收入 (万元/人)	土地 产出率 (百元/m²)	人均 投资额 (万元/人)	就业人 口比重	百元固定 资产利税 (百元)	百元固定 资产收入 (百元)
<3 千	6.31	0.2921	0.62	1.9511	0.77	19.14	1.983
3 千～5 千	3.97	0.6387	1.20	1.8871	0.77	18.26	2.531
0.5 万～1 万	3.61	0.8219	1.17	1.6835	0.77	17.32	2.508
1 万～3 万	2.35	1.1289	1.45	2.4341	0.72	13.77	1.403
3 万～5 万	1.78	1.8947	1.86	1.6107	0.66	17.00	2.054
5 万～10 万	1.57	2.7032	2.38	1.7543	0.71	16.11	2.133
>10 万	1.52	4.2558	3.35	2.0112	0.74	16.62	2.526

8.2 技术方法实现

本次研究首先参考了雅各布松[22]在瑞典乡镇合并研究中提出的"自下而上拆除最小乡镇法",并结合城镇体系规划中的实践提出了另一种"自上而下逐步调整法",以这两种方法作为本次研究的主要方法。

8.2.1 方法一:自上而下逐步调整法

根据社会经济发展和各乡镇的基本规模指标来综合确定所需设置城镇的数目,同时对所有乡镇的发展条件和潜力进行调查、评价和排序,根据所确定的乡镇数目和评价结果挑选出发展条件较好的乡镇,使用 HAP 程序划分这些乡镇的势力圈。由于乡镇的挑选没有考虑到基本规模原则,不可避免地会有部分乡镇的势力圈过小,因此有必要进行调整,将达不到标准的城镇剔除,再重新选入其他条件较好的候选镇,反复进行这一过程,直到所有乡镇都满足我们所提出的基本合理规模原则(图 8-2)。

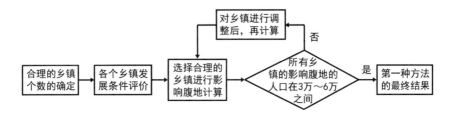

图 8-2 自上而下逐步调整法流程

1. 应保留乡镇的初步选择

平舆县现状总人口 88.48 万人,去除中心城区发展预留人口 18 万人,按照每个城镇镇域人口达到 6 万人计算,应设置 11~12 个镇,考虑到各乡镇人口分布的不均衡性,平舆县城镇总数应调整到 10 个左右,为选择具体应该保留的乡镇,需要对各乡镇的发展条件进行评价,评价主要依据以下三个方面:

(1)"各个乡镇的发展前景专家调查问卷"的整理结果;

(2)政府在拆乡并镇方面的设想;

(3)各乡镇在 1996 年乡镇综合实力排序表中的排序①。

综合以上因素,初步选择出平舆县的 10 个乡镇(除县城所在镇)为:杨埠镇、西洋店镇、庙湾镇、东和店镇、后刘乡、玉皇庙乡、郭楼乡、李屯乡和高杨店乡。

2. 进行势力圈计算

使用 HAP 程序对选择的 10 个乡镇进行势力圈的划分(图 8-3),并计算出

---

① 资料来自平舆县 1997 年统计年鉴。

各个乡镇的势力圈的面积和人口①如表 8-2。

图 8-3　平舆县 10 个乡镇的势力圈划分

表 8-2　平舆县首次计算结果

乡镇名	势力圈面积(km²)	人口(人)
射桥镇	84	56 927
后刘乡	132	89 457
玉皇庙乡	52	35 241
庙湾镇	108	73 192
杨埠镇	132	89 457
西洋店镇	148	100 301
郭楼乡	48	32 530
李屯乡	144	97 590
高杨店乡	44	29 819
东和店镇	72	48 795

---

① 人口数值是由经济影响范围的面积乘以平舆县的各个乡镇的平均人口密度——677.7 人/km²
计算得出。以后的类似表格中的计算方法与此相同。

3. 第一次调整

从表 8-2 中可以看出,初步选出的玉皇庙乡、郭楼乡和高杨店乡的势力圈面积内人口最少,将这三个乡镇去除,同时相应替换为其他条件较好的乡镇,替换上的乡镇为万家乡、万金店乡和王岗乡。

第一次调整后,万金店乡、李屯乡和王岗乡仍不能满足本次乡镇合并的基本规模要求,有必要进行第二次调整。

4. 第二次调整

拆除万金店乡和王岗乡,替换为辛店乡、双庙乡和十字路乡,调整后新增加的 3 个乡镇的势力圈的人口规模都达不到要求,故仍然只能将其拆除。至此,经过两次调整,已无其他候选乡镇,符合条件的只有 9 个乡镇(包括县城所在镇),这 9 个乡镇的势力圈情况如图 8-4 所示。

图 8-4　自上而下逐步调整法调整的结果

以上共进行了 3 次势力圈的计算,最终得出乡镇合并的方案。乡镇合并后的平舆县共有 9 个镇,这 9 个镇的势力圈内的人口都符合本次乡镇合并的原则和标准[①],图 8-4 标出了各乡镇理想的新行政边界。

---

① 射桥镇人口为 59 638 人,虽然没有达到 6 万,但是由于相差很小,所以将其保留。

8.2.2 方法二:自下而上拆除最小乡镇法

用 HAP 程序划分所有乡镇的势力圈范围,同时计算出各个乡镇的势力圈的面积和人口,将势力圈面积最小的乡或镇拆除,重复上述过程,直至剩下的所有的乡镇的势力圈内的人口都达到本次乡镇合并的基本合理规模(图 8-5)。

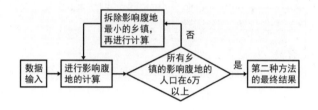

图 8-5 自下而上拆除最小乡镇法流程

1. 计算现有的所有乡镇的势力圈

使用 HAP 程序,对现有的各个乡镇的势力圈进行划分(图 8-6)。

图 8-6 所有乡镇的势力圈划分

2. 第一次拆除

现状势力圈的人口规模最小的乡是郭楼乡,由于不能达到最小规模门槛,需拆除,拆除后与郭楼乡相邻的万冢乡和李屯乡的势力圈面积和人口有所增加。

3. 第二次拆除

第一次拆并后剩下乡镇中势力圈的人口规模最小的乡是双庙乡,同样由于不能达到最小规模门槛,仍需拆除。结果与双庙乡相邻的杨埠镇和万金店乡的势力圈的面积和人口有所增加。

4. 第三次至第七次拆除

依次类推进行第三次至第七次拆除,依次拆除的乡是玉皇庙乡、高杨店乡、辛店乡、十字路乡、万金店乡和王岗乡。

经过以上 7 次拆除,剩下的 9 个乡镇的势力圈面积和人口基本上达到了本次乡镇合并的原则和标准(表 8-3)。各乡镇的理想行政边界见图 8-7。

表 8-3 平舆县拆并的最终结果

乡镇名	势力圈面积(km^2)	人口(人)
射桥镇	84	56 927
庙湾镇	140	94 878
后刘乡	92	62 348
东和店镇	92	62 348
杨埠镇	144	97 589
西洋店镇	148	100 300
万冢乡	96	65 059
李屯乡	148	100 300
古槐镇	263.3	178 438

8.3 比较与结论

8.3.1 两种方法的比较分析

从结果来看,方法一自上而下逐步调整法的结果是在原有的 6 个建制镇的基础上增加了李屯乡、后刘乡和万冢乡 3 个乡,即乡镇合并的结果有 9 个建制镇,与方法二自下而上拆除最小乡镇法的计算结果完全一致。理论上讲,两种方法产生不同结果的可能性是存在的,但是两种结果之间的差异不应太大。

从所需要的原始资料上看,自上而下逐步调整法要求准确详细的现场调查资料,要求对各个乡镇的发展状况有清楚的认识,以便能够对应该拆哪些乡并

图 8-7　自下而上拆除最小乡镇法调整的结果

哪些镇做出正确的选择;而使用自下而上拆除最小乡镇法的计算过程则不需要细致的现场调查资料,仅需要各个乡镇建成区常住人口的准确数据就可以进行计算。

从工作过程上看,自上而下逐步调整法的计算过程较简单,许多判断需要建立在对各个镇的了解和经验的基础上,在过程中难免会缺乏严密性。该方法适用于城镇数量较多,或各个乡镇的建成区人口资料不准确或不完整的情况;拆除最小乡镇法则不需要经验和认识上的判断,计算过程也相当严密,说服力较强,但是它的计算过程非常繁琐,工作量较大,对于城镇数量比较少的县和市比较适用。

8.3.2　研究结论

本次使用 HAP 程序探讨乡镇合并的尝试突破了国内传统的以定性分析和经验为基础进行乡镇合并的方法,使用 HAP 作定量分析,并在乡镇合并过程中引入了城镇势力圈的概念的方法,为乡镇合并工作提供了理性科学的分析思路,为我国其他地区的乡镇合并工作提供了更科学更可行的决策参考,具有一定的现实意义。

对于平舆县乡镇合并的方法的探讨仅仅是从方法论上进行的一次尝试,其中将 HAP 运用到乡镇合并中,探讨其具体的操作方法是本次研究的主要目的。为了简化研究问题的复杂性,在制定乡镇合并的依据和原则时,将主要原则定为势力圈应与行政区划范围相一致,而没有考虑到许多其他的因素。而实际上,乡镇合并以及由此引起的行政区划调整,是一个相当复杂且涉及面很广的问题,要同时考虑政治、经济、历史、地理、民族、文化和风俗等各方面的因素。因此,在实际中进行乡镇合并和行政区划调整时,本方法所得到的结果仅作为提供给决策者的参考依据之一。

9 乡镇商业吸引能力的调查与分析

　　乡镇等级判别及吸引范围划分是城乡统筹规划的重点内容之一,传统城镇体系主要依据乡镇人口规模进行判别和划分。在实际调查中常发现至少在乡镇层面,人口规模指标不能真正反映乡镇的吸引能力,因此需要寻找更好的替代指标。这一替代指标如何寻找,与哪些因素有关,能否用易于获取的指标复合而成? 进行乡镇等级判别和吸引范围划分,必须首先解决上述问题。

　　作为一定范围的中心,乡镇等级或吸引能力主要靠对外部的吸引力表现出来。在传统农村地区,乡镇的吸引能力归根结底取决于该中心地能为腹地提供的商品服务功能,即商业职能(含一般服务业,但不包括文化、体育、医疗等基础性公共服务,下同)[27]。但在理论模型构建和实际应用中吸引能力多以人口规模表征[19-20,28],对方法论研究也只是在此框架内进行,如对参数的修正[29]。一些研究已经注意到吸引能力不仅是用人口规模,而且应采取多指标复合的方法[1,30],但其指标选择和权重带有较大的主观性。因此,无论是采用人口规模还是复合指标,无论是应用研究还是方法论研究,很少有研究探讨其检验问题,即通过理论方法得到的吸引力与通过调查得到的吸引力是否吻合。

　　本研究的主要目的在于通过临颍县的实际调查对商业吸引力和吸引范围进行验证(图 9-1)①。通过实际购物出行调查相邻乡镇对样本村落的实际购物吸引力比例,通过与以不同吸引能力表征指标得到的理论结果进行验证,确定合理的吸引能力表征指标,在此基础上分析该吸引能力表征指标的影响因素并建构吸引能力复合指标,最后通过在乡镇势力圈划分中的实际应用检验其效果。

　　备选的吸引能力表征指标包括人口规模和商业规模两类。人口规模是乡镇政府所在地常住人口数;商业规模通过商业职能数和商业职能单位数两个指标体现,其中商业职能数指商业的类型数量,商业职能单位数指从事商业活动的店铺数量。这两项指标是美国地理学家布莱恩·贝里(Brian J. L. Berry)在类似研究中推荐的指标,也是中心地理论研究中的常用指标[13]。

---

① 不考虑对外吸引力,关于城镇吸引能力或竞争力的判断都是主观自为而无法验证的。

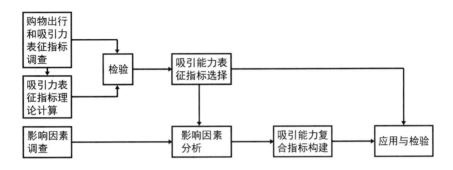

图 9-1　研究框架设计

9.1　调查与分析

　　调查区域河南省临颍县地处黄淮海平原,为历史悠久的农业大县,面积 821km²,人口 73 万人[1],调查结合 2008 年临颍县城镇体系规划项目进行,内容按照乡镇和村庄两个层面进行。乡镇层面调查主要集中在乡镇驻地人口规模和商业设施两个方面。乡镇驻地商业设施调查采取分类计数的方式,即按照不同商业职能进行店铺数量调查统计,其中提供同类商品的所有店铺视为一种职能,而将店铺开间视为一个职能单位。首先拟定可扩展的商业店铺分类表格,通过实地调查各乡镇镇区店铺,并按照分类表格记录各类商业店铺数量,汇总得到商业职能数和商业职能单位数(图 9-2)。

　　村庄层面选择陈庄乡大蒋庄进行居民问卷调查,调查其最常去购物的乡镇镇区,借以判断附近乡镇对该村庄的吸引力之比。大蒋庄村位于陈庄乡和北部的瓦店镇之间,南距陈庄 1.74km,北距瓦店 3.23km。选择这一样本,主要是考虑瓦店是县域东南部商贸较发达的城镇,而陈庄则是一个商业较弱的一般镇,但二者规模相差不大,分别为 5 100 人和 4 200 人,吸引点的规模和商业状况之间的匹配情况较差;此外,大蒋庄靠近陈庄而远离瓦店,大蒋庄位于两个镇之间,有一条乡道连接两镇,至两镇的交通条件一致,可以弱化空间距离影响而专注于吸引能力的分析。

---

①　2007 年数据。

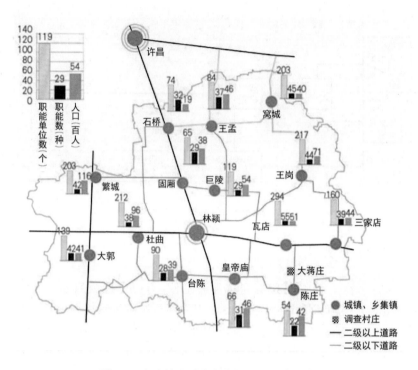

图 9-2　各乡镇吸引能力指标和调查点位置

9.2　吸引能力表征指标分析

在大蒋庄共调查居民 40 户,在回答"最常去购物的乡镇"时,选择瓦店和陈庄分别为 21 份和 16 份,2 份选择县城,1 份未填写。扣除无效问卷 3 份,得到瓦店、陈庄对大蒋庄的吸引力之比为 21/16＝1.31。

本研究主要针对最基本吸引力公式进行检验。根据公式(1-1),乡镇 x 和乡镇 y 分别对乡镇 z 的吸引力之比为

$$\frac{I_{xz}}{I_{yz}} = \frac{k\dfrac{M_x M_z}{d_{xz}^{\beta}}}{k\dfrac{M_y M_z}{d_{yz}^{\beta}}} = \frac{\dfrac{M_x}{M_y}}{\left(\dfrac{d_{xz}}{d_{yz}}\right)^{\beta}} \qquad (9\text{-}1)$$

式中　M_x——乡镇 x 的规模;

　　　M_y——乡镇 y 的规模;

　　　β——参数,一般取 2。

当规模的表征指标选择乡镇人口时,得到瓦店和陈庄对大蒋庄的吸引力之

比为 0.35,即瓦店对大蒋庄的吸引力远低于陈庄。而实际调查情况表明瓦店对该地的吸引力反而大于陈庄,表明以人口规模作为吸引力能力表征指标存在较大问题。

瓦店的商业职能数和商业职能单位数分别为 55 种和 294 家,陈庄为 22 种和 54 家。以商业职能数进行吸引力分析,瓦店与陈庄对大蒋庄的吸引力之比为 0.72;以商业职能单位数进行分析的吸引力之比为 1.57。

从三种不同表征指数的理论计算结果分析而言,以商业职能单位数为指标与实际调查最为接近,商业职能数次之,人口规模最差。依据商业职能数计算结果与实际调查结果差异较大的原因,笔者认为主要是由于考虑到商业职能数受分类方法影响,具有一定的主观性,而商业职能单位数则比较客观。综合上述考虑,确定商业职能单位数为乡镇吸引能力的理想表征指标(表 9-1)。

表 9-1　吸引力的理论值和实际值比较

	实际值	理论值		
		人口规模计算	商业职能数计算	商业职能单位数计算
瓦店、陈庄对大蒋庄吸引力比值	1.31	0.35	0.72	1.57
与实际值偏差	0	−73.3%	−45.0%	19.8%

实际调查分析表明:就农村地区乡镇而言,商业而非人口是乡镇吸引能力的根源,因此根据商业职能单位数计算的购物概率与实际调查吻合程度最高。人口规模之所以作为吸引能力的常用表征指标,一是数据易于获取,二是基于这样一个预设:人口规模大的城镇具有发达的商业。

为何以人口规模作为表征指标和以商业职能单位数作为表征指标所得到的结果显示出较大的差异,原因如下:临颍为一个传统的农村地区,县城以外的城镇发展水平很低,城镇驻地多在村庄的基础上发展而来,最典型的城镇用地形态为在村庄的基础上依托对外联系道路形成一层由政府办公(简称七站八所)、公共服务和商业店铺组成的市街地,市街地之外的城镇建成区依然呈现村庄的面貌,因此导致城镇规模取决于依托的村庄的大小,甚至出现有些镇的镇区人口少于辖区内自然村人口的状况(如该县台陈镇区人口少于王曲村),因此镇区人口规模难以反映商业的实际。

9.3 吸引能力复合指标的建构

尽管在乡镇层面商业职能单位数较之人口规模更能反映吸引能力,但在实际应用中,商业职能单位数资料则难以获得。为此进一步考虑通过商业职能的影响因素分析,目的在于通过易于获取的指标(人口、交通、区位等)构建吸引能力复合指标。

9.3.1 因素选择

影响因素选择立足于两个原则:从理论的角度应与商业职能单位数具有较强的相关性,从实际应用的角度应选取那些数据易于获取或调查的指标。本研究初选乡镇人口规模、乡镇域人口、区位竞争、历史传统、交通条件、内部竞争等6个影响因素。

1. 人口规模

乡镇人口规模是用以衡量吸引能力的最常用和最易获取的指标,因此作为优先考虑的影响因素。

2. 乡镇域人口

乡镇域人口是乡镇服务的主要对象,对吸引能力具有较大的影响。一般而言,乡镇域人口在理论上默认为乡镇的腹地人口,但实际中由于行政区划的不合理常常会有很大出入。

3. 区位竞争

区位竞争指周边城镇对该城镇腹地的竞争[1],从理论上而言,区域中任何其他城镇都会对某一城镇的发展产生影响,本研究仅考虑区域各城镇对某城镇腹地的综合区位竞争。其思路和度量方法如下:其他城镇均对某城镇所在点发生空间吸引作用将增加该城镇的竞争压力(或降低该城镇的发展机会),因此区位竞争主要通过区域内其他城镇对该城镇所在区位的影响力衡量。通过 GIS 在城镇和道路图中自动生成各城镇间最短道路长度,考虑到距离衰减,构建如下区位竞争的综合指数:

$$R=\sum \frac{p_j}{d_{ij}^2}\Bigg/ \sum p_j, \quad i\neq j \qquad (9\text{-}2)$$

---

[1] 区位竞争反过来说为区位机会,即支持城镇成长的腹地潜力。

式中　p_j——城镇 j 的规模;

　　　　d_{ij}——城镇 i 和城镇 j 之间最短道路距离。

就临颍而言,影响城镇即城镇 j 除考虑 14 个乡镇外,还包括了县域中心临颍县城和邻近的许昌市。距离 d_{ij} 之所以采用最短道路而非最短出行时间,一是考虑计算简化,二是考虑农村居民出行多以公交和摩托、自行车为主,受道路等级影响不大。

4. 历史传统

临颍商业职能单位数较多的乡镇如瓦店、繁城、杜曲多为长期形成的传统商贸中心,而商业职能单位数较少的多为新中国成立后新兴的乡镇,说明历史传统对乡镇的吸引能力具有较大的影响,但该因素的量化只能根据定性分析赋值。

临颍县域乡镇根据其历史传统上商业的重要性可分为四种类型。第一类为传统的商业集散中心且在新中国成立前已有镇建置,如繁城、杜曲、瓦店。第二类为历史悠久、商贸发达的集镇,但乡镇建置设置较晚,主要包括三家店、窝城等。第三类城镇为商贸一般、乡镇设置较晚的乡镇,包括王孟、石桥、巨陵、固厢、王岗 5 个乡镇,其商贸情况与镇域内其他农村集镇相比优势并不突出。第四类为传统商贸较弱,只是由于区位居中或行政区划需要设置的乡镇驻地,包括大郭、皇帝庙、台陈、陈庄等乡镇。

根据上述情况,可采取分类赋值,即将乡镇分为有深厚历史传统的乡镇和无深厚历史传统的乡镇,前者包括前两类,赋值为 1,后者包括后两类,赋值为 0。

5. 交通条件

交通通达性对于吸引能力具有较大的影响,为考虑方便实用的需要,交通通达性以经过乡镇镇区道路的公路等级判别,其判断标准为是否有二级以上公路穿越:有为 1,无为 0。

6. 内部竞争

内部竞争主要是指乡镇域内部的竞争,临颍县各乡镇除乡镇驻地这一服务中心外,还存在大量的农村定期集市即缏会,这些缏会的发展形成对乡镇驻地吸引能力的分流竞争,为此需考虑内部缏会竞争的影响。

出于条件限制,对缏会的商业职能单位数量未作调查,但调查的情况表明,一些乡镇如陈庄、大郭、台陈、皇帝庙、石桥等其内部存在较之乡镇驻地更为繁盛的缏会,因此这一因素主要体现为有无匹敌的农村缏会,有匹敌乡镇的缏会为 1,无为 0。

9.3.2　相关性分析

相关分析表明,6 个影响因素中除区位竞争外的 5 个因素均在 0.1 的水平上显著,其中历史传统最显著,人口规模次之,交通条件、乡镇域人口、内部竞争的显著性较差,区位竞争较不显著。乡镇规模、乡镇域人口、历史传统、交通条件与商业职能单位数呈正相关,而区位竞争和内部竞争与商业职能单位数负相关,与吸引能力的一般规律吻合(表 9-2)。

表 9-2　商业职能单位数与影响因子的相关分析

	人口规模	乡镇域人口	区位竞争	历史传统	交通条件	内部竞争
皮尔森相关系数	0.535	0.519	−0.424	0.758	0.468	−0.460
显著水平	0.049	0.057	0.131	0.002	0.092	0.098

9.3.3　多元回归分析

从单因素相关性分析中发现,影响显著的是历史传统和人口规模两个因素,乡镇域人口、交通条件、内部竞争和区位竞争显著性依次下降。按照 6 个因素的多元回归,显著性最差的为区位竞争(0.131)和内部竞争(0.098),依统计学原理应依次剔除。

但从传统理论和实际应用角度出发,影响因子的选择应结合定性分析予以确定。人口规模是最常用的表征指标,是难以忽视的影响因素,需予以保留。乡镇域人口默认代表腹地人口,对吸引能力具有较大影响,但考虑吸引能力与腹地范围大小是相关的,将镇域人口纳入会形成镇域(腹地)人口—吸引能力—腹地范围—腹地人口的循环论证,镇域人口为默认腹地人口是一个未经验证的假设,因此不予考虑。交通条件对吸引能力的影响具有双面性,过分发达的交通对低端乡镇而言是不利的因素,仅是必要条件而非充分条件,因此予以排除。内部竞争仅在临颖范围内或农村传统集市较发达的地区具有意义,对于多数乡镇而言,内部竞争存在的普遍性较少,可予以排除。

综上所述,对吸引能力的多元回归分析主要锁定在历史传统、区位竞争和人口规模 3 个因素,它们对城镇吸引能力具有较明显的影响且相互之间的关联性较小,基本代表了城市吸引能力的 3 个方面——规模、区位和传统,具有较强的普适性。

通过商业职能单位数与人口规模、历史传统、区位竞争 3 个影响因素的多元回归得到结果如表 9-3 所示。

表 9-3　多元回归结果

变量	回归系数	显著水平
常数	104.543	0.047
历史传统	90.990	0.023
人口规模	0.005	0.433
区位竞争	−56.699	0.370

由此可以构建乡镇的吸引能力指标为

$$F = 90.99x_1 - 56.70x_2 + 0.005x_3 + 104.543，\quad R^2 = 0.638 \quad (9-3)$$

式中　F——商业职能单位数，即吸引能力指标；

　　　x_1——是否历史悠久；

　　　x_2——区位竞争指标；

　　　x_3——镇区人口。

R^2 达到 0.638，说明拟合程度较理想。

由上述多元回归结果可得到三点启示：

第一，历史传统因素在乡镇发展过程中具有重大的作用，历史传统并不仅仅代表过去，对现状和未来发展具有重大的潜在影响，"路径依赖"效应依然十分明显。

第二，区位条件对城镇尤其是低端城镇发展而言并非总是有利条件，在促进乡镇特殊职能如工业发展的同时却抑制乡镇吸引能力的发展。本研究中，区位竞争条件与吸引能力呈负相关，表明主要以抑制作用为主。

第三，人口规模并非总是城市吸引能力的有效指标，此处人口规模的显著性程度最低，表明以规模衡量城市的发展程度具有其局限性。

9.4　复合指标的应用检验

由多元回归得的吸引力复合指标与实际的商业职能单位数是否吻合，需要将进一步对拟合得到的复合指标与实际商业职能单位数进行偏差分析，并以人口规模为对照指标进行比较。

9.4.1　指标偏差和相关性分析

从复合指标相对于商业职能单位数的偏差看(表9-4),偏差平均值为1.10,标准差0.405。14个乡镇中,偏差在10％以内者有3个,10％~20％者有4个,20％~40％者有4个,40％以上者有3个。偏差最大的两个为陈庄(116％)和皇帝庙(60％),主要原因在人口规模做权重计算区位竞争会导致来自瓦店的竞争被严重低估,复合指标偏低的为王岗(－41％),原因在于其与瓦店、巨陵等周边地区的路况较差,而区位竞争按最短道路距离计算,导致其通达性被高估。

从相关性程度看,复合指标与商业职能单位数之间的相关性(相关性系数0.799,显著水平0.001)整体上优于人口规模与商业职能单位数的相关性(相关性系数0.539,显著水平0.049)。

表9-4　复合指标与商业职能单位数偏差比较

乡镇	商业职能单位数	复合指标	与实际值偏差
瓦店镇	294	206.29	－30％
王岗镇	217	128.46	－41％
台陈镇	90	92.26	3％
陈庄乡	54	116.47	116％
大郭乡	139	110.98	－20％
王孟乡	84	103.01	23％
三家店镇	160	209.79	31％
窝城镇	203	198.16	－2％
石桥乡	74	57.39	－22％
固厢乡	65	76.56	18％
皇帝庙乡	66	105.75	60％
繁城镇	203	231.96	14％
杜曲镇	212	214.09	1％
巨陵镇	119	103.83	－13％

9.4.2　势力圈偏差和相关性分析

人口规模与商业职能单位数因量纲不同无法进行偏差分析,考虑依据不同表征指标进行的乡镇吸引范围划分具有可比性,研究进一步以商业职能单位数、复合指标、人口规模为吸引能力表征指标,运用USAP(城镇系统分析程序)软件进行吸引范围的划分并比较其结果(图9-3,表9-5)。

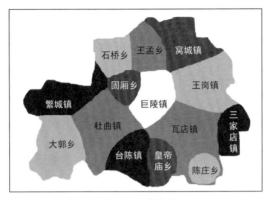

（a）基于职能单位数

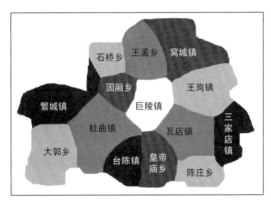

（b）基于复合吸引能力

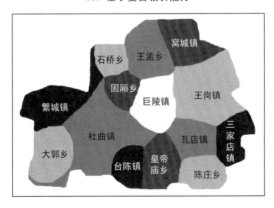

（c）基于人口规模

图 9-3　临颖县各乡镇(不含县城)势力圈范围比较

表 9-5　势力圈偏差

乡镇	吸引范围（km²）			复合指标表征与职能单位表征势力圈偏差（评价指标）	人口规模表征与职能单位表征势力圈偏差（参照指标）
	职能单位表征	复合指标表征	人口规模表征		
瓦店镇	95.60	62.02	48.85	−35%	−50%
王岗镇	91.80	73.55	106.11	−20%	16%
台陈镇	46.89	41.36	33.56	−12%	−28%
陈庄乡	22.09	39.17	41.05	77%	86%
大郭乡	81.17	75.64	58.62	−7%	−28%
王孟乡	46.52	54.89	62.00	18%	33%
三家店镇	40.45	50.68	40.26	25%	−0.4%
窝城镇	77.13	82.99	55.31	8%	−28%
石桥乡	37.45	31.15	26.04	−17%	−30%
固厢乡	27.79	32.26	29.47	16%	6%
皇帝庙乡	36.63	53.42	52.91	46%	44%
繁城镇	68.19	75.00	72.31	10%	6%
杜曲镇	93.04	93.52	135.43	1%	46%
巨陵镇	56.27	55.36	60.09	−2%	7%

　　由于受距离衰减以及多城镇相互作用的影响,势力圈划分的偏差较之吸引能力大大缩小,以复合指标得到的势力圈与以商业职能单位数得到的势力圈偏差的标准差为28%,低于复合指标和商业职能单位数两个吸引能力指标的偏差标准差(40.5%)。以按人口划分与商业职能单位数划分的势力圈偏差为参照,在14个样本中,仅有5个偏差绝对值大于参照指标,且多数超出不多,其余9个均小于参照指标。

　　从总体而言,按复合指标与商业职能单位数划分的势力圈面积的相关性(相关性系数0.85,显著水平0.001)优于按人口规模与商业职能单位数划分的势力圈的相关性(相关性系数0.688,显著性水平0.007),复合指标与商业职能单位数势力圈的偏差标准差(28%)也低于人口规模与商业职能单位数势力圈偏差标准差(37%)。

　　通过不同指标推算势力圈的差异及与实际情况的比较表明:虽然因素缺失、赋值不合理和数据误差均可能导致个别乡镇偏差较大,但总体而言,复合指标总体对商业职能单位数的拟合较好,较之人口规模更能体现乡镇商业职能单位数的实际,因此也是乡镇吸引能力更理想的表征指标。

9.5 研究结论

　　以临颖为案例的城镇吸引力实证研究表明,商业职能单位而非人口规模更能表征乡镇的吸引能力。这一吸引能力表征指标与历史传统、区位、人口规模、交通等影响因素存在相关关系,通过吸引能力与历史传统、人口规模、区位竞争3个典型因素的多元回归,发现吸引能力与历史传统具有很强的正相关关系、与区位竞争存在较强的负相关关系,而与通常被认为是吸引能力指标的人口规模存在较弱的正相关关系。

　　由于数据质量、因素选择等原因,以商业职能单位数为标的的复合指标构建在与商业职能单位数的检验中存在一定偏差,但其在势力圈划分中的实际应用优于以人口规模作为表征指标的传统做法。在人口数据不适合表征吸引能力而商业职能难以获取的情况下,运用历史传统、区位竞争和人口规模进行吸引能力复合指标构建不失为一个便捷的方法。但需要指出的是,本研究所构建的复合指标构建公式仅建立在临颖县实证研究的基础上,对于其普适性仍需进行进一步研究。

10 高速公路建设对长三角城市势力圈的影响

HAP. net 系统以考虑交通网络、地理障碍对城镇势力圈拓展的影响为特征。选择高速公路建设对长三角城市势力圈产生的影响作为案例进行研究，是对 HAP. net 系统改进功能的有针对性的使用。

10.1 势力圈的现状

以长江三角洲中的 14 个地级以上城市为例，使用 HAP. net 分析系统划分各城市现状的势力圈（图 10-1），并与 USAP 分析系统划分出来的城市势力圈进行对比（图 10-2）。

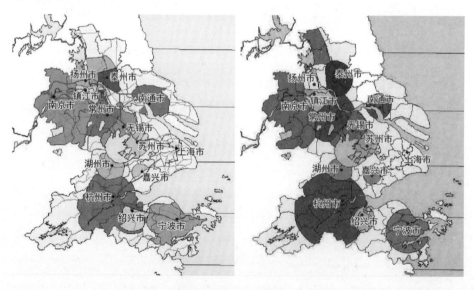

图 10-1 HAP. net 系统划分的城市势力圈   图 10-2 USAP 系统划分的城市势力圈

对比图 10-1 和图 10-2，使用 USAP 分析系统划分出来的城市势力圈是由圆弧形组成的，而 HAP. net 分析系统划分出来的城市势力圈边界由自然障碍和道路的边界、圆弧和椭圆弧共同围合形成，形状比较复杂。当城市势力圈向外拓展遇到自然障碍或道路的阻隔时，势力圈边界将与道路线或自然障碍边界线一致，否则势力圈的边界呈现出圆弧形或椭圆弧形。

另外,虽然 HAP.net 分析系统划分的城市势力圈的形态比 USAP 分析系统划分出来的势力圈形态复杂,但是从整体上看,HAP.net 分析系统划分的各个城市势力圈在长江三角洲区域的地位和相互关系与 USAP 分析系统划分结果基本一致。上海在长江三角洲区域中占据主导地位,它的影响范围已经渗透到除南京、镇江以外的其他所有城市的行政范围内。除上海外,南京和杭州的势力圈所覆盖的区域也较大。南京位于区域的西北部,其势力圈已经扩展到与其相邻的扬州和镇江地区;杭州则位于区域的西南部,势力圈到达周边的湖州、嘉兴和绍兴。苏州、无锡和常州由于距离较近,城市间联系密切,竞争激烈,形成的势力圈较小;扬州、泰州和镇江虽然规模不大,但由于其地理位置处于上海和南京的城市影响力薄弱地带,因此也形成了一定规模的势力圈。

虽然 HAP.net 系统的划分结果与 USAP 系统的划分结果在整体结构上基本一致,但是在局部存在明显的差异,主要反映在:

第一,HAP.net 系统的划分结果中,杭州和南京的势力圈面积比 USAP 系统的划分结果明显减少,而上海的势力圈面积则有明显增加。同时,USAP 系统的划分结果中南京市势力圈在扬州和泰州北部的一块"飞地"在 HAP.net 系统的划分结果中成为上海市的势力圈。这表明长三角区域内的现状交通体系对上海市的势力圈拓展相对有利。

第二,由于 HAP.net 系统考虑了自然障碍的影响,该系统划分的常州市势力圈受到长江阻隔,无法拓展到长江以北的地区,无锡市则因为有一条跨江高速公路穿过,有少量势力圈延伸至长江以北。而 USAP 系统由于没有考虑自然障碍,划分出来的常州市势力圈有相当一部分拓展到长江以北。

10.2　高速公路建设的影响

长江三角洲内近年来已建成的高速公路主要有:杭州湾大桥、宁杭高速公路、宁黄高速公路、嘉兴至南通高速公路(苏通大桥)、溧水至扬州高速公路、溧阳至上海的高速公路(图 10-3),这些高速公路的建设将对长江三角洲内各城市的势力圈的分布产生影响,HAP.net 系统可以对这些影响和变化进行模拟和分析。

10.2.1　杭州湾大桥建设

图 10-4 和图 10-5 分别反映了杭州湾大桥建设前后该区域的城市势力圈的分布情况。可以看出,杭州湾大桥的建设将有助于上海市势力圈在宁波境内的拓展。经测算,杭州湾大桥建设后,宁波势力圈面积将减少 $1020km^2$,杭州势力

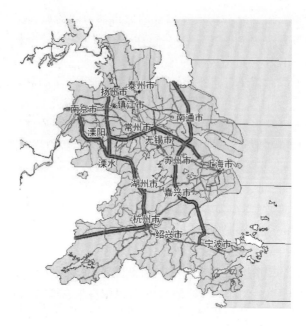

图 10-3　长江三角洲内近期已建成的高速公路

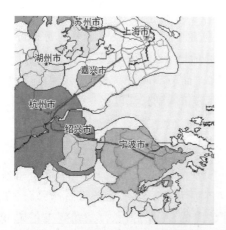

图 10-4　杭州湾大桥建设前的势力圈

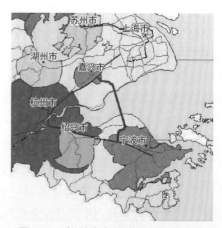

图 10-5　杭州湾大桥建设后的势力圈

圈面积也有微量的减少,减少的部分几乎全部成为上海的势力圈。

10.2.2　宁杭高速公路和杭黄高速公路

　　图 10-6 和图 10-7 分别反映了宁杭和杭黄高速公路建设前后该区域的城市势力圈的分布情况。可以看出,宁杭高速公路由于与现状的国道线路重合,对城市势力圈的影响不大。但是杭黄高速公路的修建将大大有助于杭州市势力

圈向区域西部城市影响力薄弱的地方拓展。经测算,杭黄高速公路建成后,杭州市的势力圈面积将增加 $2\,675\mathrm{km}^2$。

图 10-6 宁杭和杭黄高速公路
建设前的势力圈

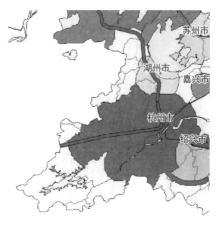

图 10-7 宁杭和杭黄高速公路
建设后的势力圈

10.2.3 嘉兴至南通的高速公路

图 10-8 和图 10-9 分别反映了嘉兴至南通的高速公路修建前后该区域的城市势力圈的分布情况。嘉兴至南通的高速公路提供了一条跨长江的高速公路,但是由于该区域以前已经存在一条跨长江的国道,这条公路的修建对于南通市在长江以南地区的势力圈拓展没有明显帮助。虽然如此,由于该高速公路的修

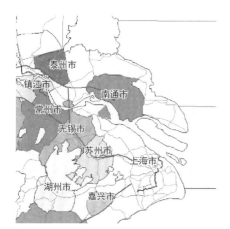

图 10-8 嘉兴至南通的高速公路
修建前势力圈

图 10-9 嘉兴至南通的高速公路
修建后势力圈

建将减少上海市到达长江以北地区的时间,南通市在长江以北地区的势力圈将有所减少。经测算,该条高速公路的修建将使南通市的势力圈面积减少约230.6km²。

10.2.4 溧水至扬州的高速公路

图 10-10 和图 10-11 反映了溧水至扬州的高速公路修建前后该区域的城市势力圈分布情况。溧水至扬州的高速公路为该区域提供了唯一一条南北向的高速公路,它的修建将对这个小区域内的势力圈分布产生较大的影响,它大大缩短了南京市到达区域北部影响力弱的地区的时间,使南京的势力圈拓展到扬州的北部区域,但同时该条高速公路也将导致扬州和镇江的势力圈面积减少。经测算,溧水至扬州的高速公路修建后,南京市的势力圈面积将增加 2530km²,扬州市和镇江市的势力圈面积将分别减少 78km² 和 73km²。

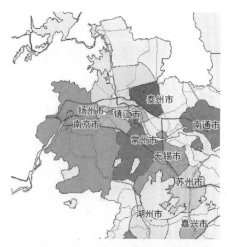 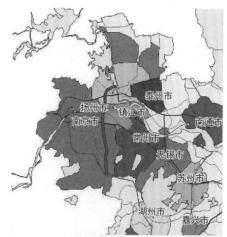

图 10-10　溧水至扬州的高速公路　　　　图 10-11　溧水至扬州的高速公路
　　　　　修建前势力圈　　　　　　　　　　　　　修建后势力圈

10.2.5 溧阳至上海的高速公路

溧阳至上海的高速公路的修建也将对这个区域内城市势力圈分布产生较大影响(图 10-12 和图 10-13)。由于该条高速公路直接从常州中心城市穿过,但距离无锡和苏州的中心城市较远,因此将大大促进常州市势力圈的拓展。溧阳至上海的高速公路修建后,常州的势力圈向东拓展,将延伸到长江以北原属于无锡势力圈的部分地区,向西部的拓展将延伸到溧水至扬州的高速公路,占领部分原属于南京市的势力圈的地区。同时,由于这条高速公路也直接减少了上海市到达扬州北部地区的时间,使上海市在该区域的竞争力增强,因此将减少南京市在扬州北部的势力圈面积。经测算,溧阳至上海的高速公路的修建将促使常州市势力圈的面积增加 973km², 而无锡市的势力圈面积将减少 325km², 南京市的势力圈面积将减少 1553km²。

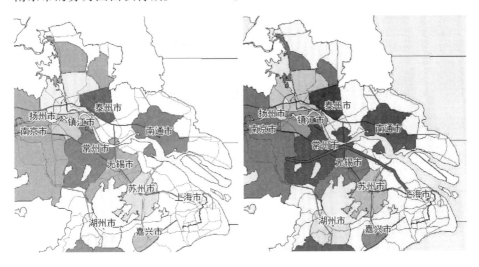

图 10-12　溧阳至上海的高速公路　　　图 10-13　溧阳至上海的高速公路
　　　　　修建前势力圈　　　　　　　　　　　　修建后势力圈

10.2.6　高速公路网建成后的城市势力圈

　　图 10-14 反映了假设各城市规模不变,所有高速公路建成后的长江三角洲城市势力圈的分布情况。将高速公路建成后的长江三角洲内各城市势力圈与现状的各城市势力圈的面积进行比较(图 10-15)后可以发现,杭州、常州和南京市的势力圈面积都有较大幅度的增加,说明规划交通设施的建设将有利于这三个城市的势力圈拓展。与此相对应的是上海的势力圈面积大大减少。势力圈面积有明显减少的城市还有扬州、无锡、湖州和宁波市。而嘉兴、南通和绍兴等城市的势力圈面积只有微小的变化。由于长期以来长江三角洲内的重要交通设施都集中在沪宁、沪杭和沪甬的“之”字形连线上,导致在这条轴线上的城市势力圈竞争激烈,而区域周边影响力弱的地区则大多位于上海的势力圈内,新建成的高速公路网将改变现状主要交通线集中于“之”字形交通廊道的情况,区域边缘地区如扬州北部、杭州西部和南通北部等地区的交通条件将有所改善,因此将会导致区域中心城市——上海、南京和杭州对这些边缘区域的势力圈的争夺,上海将在这场争夺中失去较多的势力圈,而南京和杭州的势力圈面积将

有较大幅度的增加。

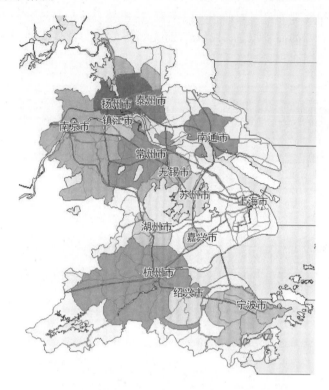

图 10-14　高速公路网建成后的城市势力圈分布情况

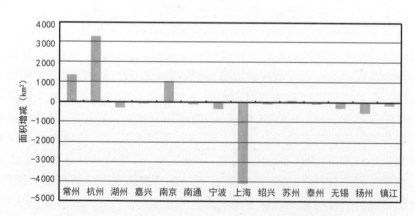

图 10-15　高速公路网建成后各城市势力圈面积的变化

10.3 研究结论

由于 HAP. net 分析系统划是基于道路网络来计算和划分城市势力圈的,因此它可以用来分析和模拟交通线路的建设对城市势力圈的影响,使升级后的系统具有更加广泛的应用领域。以长江三角洲为例进行的实证研究的结果表明,近几年高速公路网的建设导致了区域中心城市——上海、南京和杭州对边缘区域的势力圈的激烈争夺,上海将在这场争夺中失去较多的势力圈,而南京和杭州的势力圈将有较大幅度的增加。

11　武汉及湖北省主要城市势力圈研究

　　2004 年国家正式提出"中部崛起"的战略,湖北省是中部地区经济总量位居前列的省份。在新的发展机遇和挑战下,对武汉及其他城市的势力圈作出分析,有利于全省经济空间和布局的优化配置。

11.1　目的及研究设计

　　本研究运用 HAP. net 对武汉与周边 6 个区域中心城市势力圈进行划分,以及对湖北省 17 个主要城市(14 个地级市及省会武汉、恩施土家族苗族自治州和神农架林区)进行城市势力圈的现状及规划分析,并通过与各城市行政范围进行空间上的叠合,比较各地级市的实际影响力与其行政范围的差异,为湖北省城镇体系规划的编制、跨地区的城市群构建、行政区划的合理调整等提供参考。

　　采用 HAP. net 划分城镇的势力圈时,增加了道路的影响,在运算中对高速公路、国道、省道和更低一级道路分别赋予不同的行驶速度,规定距离计算通过道路联系来进行,计算结果将更加接近现实,并且可以将交通条件的改变作为变量来判断对城市势力圈变化的影响。同时在前人研究经验基础上,搜集了能够反映各城市规模的城区常住人口数,使对各城市的势力圈计算更加精确。

　　本研究的对象分为两个层次。一是研究武汉与相邻的 6 个区域中心城市(分别是郑州、合肥、南昌、长沙、重庆、西安)的势力圈划分。二是研究湖北省 17 个主要城市的势力圈划分,包括武汉、14 个地级市(黄石、鄂州、黄冈、孝感、咸宁、仙桃、天门、潜江、十堰、荆州、襄樊、荆门、宜昌、随州),以及土家族苗族自治州府所在地恩施和神农架林区政府驻地。主要研究内容包括:

　　第一,对武汉与相邻的 6 个区域中心城市现状势力圈进行划分,考察各城市势力圈的空间关系。

　　第二,对湖北省主要城市的现状势力圈进行划分,分析各城市势力圈在省内实际影响的大小,计算势力圈内人口和 GDP,并与城市行政区内的社会经济指标进行对比分析;同时对现状潜力面进行分析。

　　第三,根据湖北省综合交通规划,对主要城市未来势力圈进行划分,并与现状进行对比,分析交通规划对各城市势力圈大小的影响。

　　第四,根据湖北省各城市规划资料中的人口数据,划分 2020 年各城市势力圈,并与现状进行对比。

　　本次研究中区域中心城市采用的数据来自《中国城市统计年鉴(2000—2009)》和重庆市、长沙市、合肥市、南昌市、武汉市、西安市、郑州市2009年统计年鉴中市区年末非农业人口数,湖北省各城市数据来自各地级城市总体规划基础资料汇编中的市区常住人口数(表11-1),这一数据相对年末非农人口数更能反映城市规模。各城市规划人口数来自相关规划文本,各城市的坐标数据从地图上直接量出。

表 11-1　湖北省主要城市 2008 年底常住人口(单位:万人)

城市	市区常住人口
武汉	629
黄石	77.4
十堰	57
襄樊	108
宜昌	88
鄂州	39.8
荆门	45
孝感	37
荆州	69
黄冈	34
咸宁	37
随州	38
恩施	20.8
仙桃	36.2
潜江	34.8
天门	25.7
神农架	3.4

11.2　武汉与相邻省会城市的势力圈比较

11.2.1　武汉与相邻城市势力圈空间分析

　　图11-1是由HAP. net划分的武汉与相邻区域中心城市2008年的势力圈。武汉在这7个城市中,规模仅次于重庆,位居第二,是中部地区规模最大的城市(表11-2)。武汉的势力圈覆盖了湖北省中东部区域,并渗透到东、南、北三个方

向邻省范围内,其中武汉对河南省南部和安徽省的影响尤其明显;而在湖北省西部,由于距离遥远,武汉的影响力不足,西北方的十堰北部落入西安势力圈,西南方的恩施以及十堰南部落入重庆势力圈。

表 11-2　各中心城市 2008 年底市区非农业人口数(单位:万人)

城市	非农人口
武汉	460.18
重庆	637.77
西安	335.19
郑州	207.42
长沙	187.41
南昌	175.29
合肥	71.58

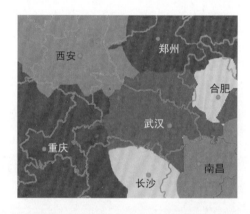

图 11-1　武汉与相邻区域中心城市 2008 年势力圈与省域行政范围比较

11.2.2　武汉与相邻城市影响力及联系强度

使用 HAP. net 对武汉与相邻区域中心城市的影响力和联系强度进行计算,结果如图 11-2 所示,图中较亮区域是城市影响力强的区域,较暗区域是城市影响力较弱的区域,城市之间的连线表示城市两两之间联系强度最大的组合。

由图 11-2 可以看出,武汉影响力强的区域分布在湖北中东部,并呈现出南北方向强于东西方向的趋势。以武汉、长沙、南昌为中心的影响力强势范围接近相交,这说明 3 个城市之间的低等级城市(地级及县级市等)受到 3 个城市较强的影响,各自纳入区域中心城市的发展势力范围内,同时未来这 3 个城市进

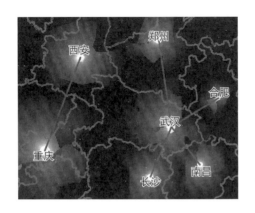

图 11-2 武汉与相邻区域中心城市影响力强度分布图

行一体化发展的机遇更大。武汉与其他 4 个城市之间的弱影响范围更大,这些范围内的低次职能城市需要依靠自身力量谋求发展。

在城市联系强度线中,除重庆和西安联系外,郑州、合肥、南昌、长沙均直接与武汉相连,表明武汉在中部城市中具有非常重要的地位。

11.3 湖北省主要城市现状势力圈划分及分析

11.3.1 湖北省主要城市现状势力圈分布的空间分析

1. 现状势力圈分布的空间特点

图 11-3 是 HAP.net 系统划分的 2008 年湖北省内主要城市的势力圈。武汉的势力圈覆盖了省域东部,并延伸到中部的随州、荆门、荆州一线。除武汉外,宜昌、十堰、襄樊、荆州和恩施的势力圈范围也较大,其中势力圈超出自身行政范围的城市有十堰、宜昌和荆门。位于武汉以东的鄂州、黄冈行政区基本成为武汉的势力范围,而黄石背对武汉市,向东保留了自身的势力范围,同时鄂州、黄石和黄冈(以下简称鄂黄黄)3 个城市距离较近,联系密切,对城市之间的势力范围的竞争也非常激烈。天门、仙桃和潜江(以下简称天仙潜)西邻荆州,东邻武汉,在两者夹缝中势力圈远不能达到其行政区范围。详细分析各城市的势力圈,有如下六点发现。

(1)武汉作为全国省会首位度最高的城市,其势力圈几乎覆盖了湖北省中东部 11 个地级市(包括荆州和荆门东部地区)。在省域西部宜昌、襄樊、十堰、荆州和恩施 5 市的势力圈竞争激烈,并未形成明显的优势城市,宜昌、襄樊作为期待的区域副中心并无显著优势。

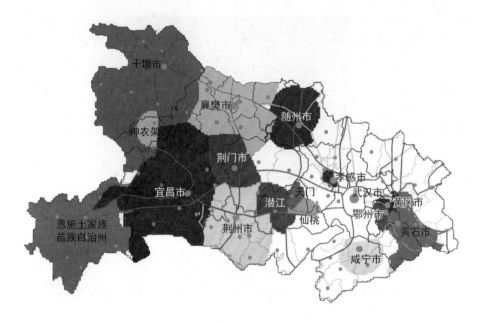

图 11-3　2008 年湖北省主要城市的势力圈

（2）武汉的势力圈可以从两个方向分析,在东西方向上,天门、仙桃、潜江和鄂州、黄石、黄冈分别形成较紧密的城市群,在武汉势力圈的包围下,竞争到一定的发展空间,而向南的咸宁和向北的孝感,势单力薄,被武汉重重包围,行政范围大部分成为武汉的势力范围。

（3）在省域西部,未形成明显的核心城市,各城市都以自身行政区为边界争夺势力范围。其中十堰和宜昌势力圈渗透到襄樊行政范围,超出行政区范围最多,襄樊略显劣势,恩施由于地处偏远其势力圈范围也较大。省域中部的荆州和荆门朝向武汉方向的行政区范围多被武汉侵占,势力圈有向西部拓展的趋势。

（4）鄂黄黄与天仙潜副省级城市群由于积聚效应,均能保持一定的势力圈范围。

（5）随州西临襄樊市,与襄樊的势力圈分界线基本在行政界限上,虽然距离武汉较远,但其东部的广水也被纳入武汉的势力圈范围,其势力圈虽不小,但相对比较孤立。

（6）所有城市中势力圈最小的是距离武汉较近的孝感,这反映了武汉对周边地区绝对的支配地位。

城市势力圈的关系有并存关系、包含关系、半包含关系和竞争关系。在湖北省城市中也可明显看出上述关系,武汉作为高等级城市和其势力圈内的地级城市构成包含关系,而十堰在和宜昌争夺势力范围过程中对神农架构成了半包含关系,鄂黄黄、天仙潜等城市组团由于同等级城市之间势力相当,形成了并存和竞争关系。

2. 影响力强弱势和城市联系强度分析

用 HAP.net 对湖北省主要城市的影响力和联系强度进行计算。由图 11-4 可以看出,湖北省城市影响力弱势地区包括:东部为黄冈、咸宁西南部,以及省域西部的大片山地等区域。省域中东部城市大多受到武汉的强影响力,在其强势带动作用下发展社会经济,因此受辐射力弱的黄冈和咸宁面临发展动力不足的严峻形势。

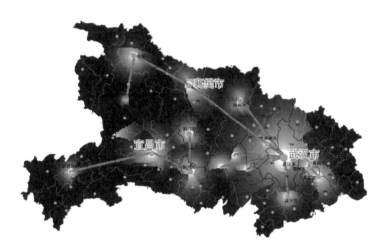

图 11-4　湖北省主要城市的影响力和联系强度

观察图中各城市关系,武汉与其中 7 个地级市直接联系,其中心城市地位显而易见。武汉的城市网络在向西方向上,天门、仙桃和潜江因距离武汉较近,相互间的联系被与武汉的强辐射力所湮没;在向东方向上武汉与鄂州、黄石和黄冈(以下简称武鄂黄黄)之间未建立紧密联系,武鄂黄黄城市群的发展要进一步增强武汉和这 3 个城市的联系。在省域西部,尚未形成比较明显的中心城市,襄樊和十堰联系紧密;宜昌和荆门通过荆州达到相互联系,宜昌和荆门之间的联系相对较弱。鉴于恩施和神农架特殊的自然和人文条件,位置也较偏远,因此与其他城市联系微弱。

3. 现状潜力面分析

用 HAP. net 对湖北省主要城市进行了潜力面计算（图 11-5）。图中以红、蓝、绿、黄四种颜色分别代表不同等级的相对潜力值，以绿色为平均发展潜力值的话，红色相当于 4 倍平均值，蓝色为 2 倍，黄色则为平均值的一半。由图 11-5 可以看出，除各城市中心点外，武汉与孝感、鄂州、黄冈、黄石形成了最大的优势潜力面，同时武汉 1+8 都市圈中所有城市都在蓝色潜力面范围内。总体来看，湖北省东部和中部发展潜力远高于西部。

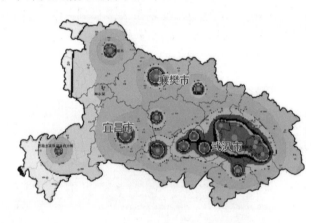

图 11-5　湖北省主要城市影响潜力面分析

11.3.2　各城市势力圈内社会经济总量分析

根据 HAP. net 划分的势力圈范围，结合 GIS 的空间叠合功能，同时计算各个城市的影响势力圈面积、人口以及势力圈范围内的国内生产总值，并分别计算它们占省域的比重，可判断其实际影响力。

1. 各城市势力圈面积

从表 11-3、图 11-6 和图 11-7 可以看出，武汉的势力圈范围远远高于其他城市，面积达到 $54\,601\text{km}^2$，占整个湖北省面积的 29.4%。在武汉的强辐射范围下，省域东部的城市势力普遍远达不到自身行政区范围，更不用说进一步拓展势力圈范围，尤其是仙桃、天门、鄂州、黄冈、孝感，势力圈积仅占省域面积的 0.5% 以内，和首位城市武汉相差近 60 倍。十堰的势力圈面积为 $28\,120\text{km}^2$，位居第二，占省域 15.1%。再次为宜昌，势力圈面积为 $25\,915\text{km}^2$，占省域面积的 13.9%。

表 11-3　湖北省主要城市势力圈内的社会经济指标

主要城市	面积（km²）		人口（万人）		GDP（亿元）	
	数值	比重	数值	比重	数值	比重
武汉	54601	29.4%	661.21	47.9%	4012.34	57.8%
襄樊	14106	7.6%	88.07	6.4%	479.93	6.9%
宜昌	25915	13.9%	121.47	8.8%	624.84	9.0%
十堰	28120	15.1%	70.87	5.1%	303.26	4.4%
荆州	12401	6.7%	107.91	7.8%	278.12	4.0%
荆门	5888	3.2%	35.75	2.6%	147.87	2.1%
随州	7320	3.9%	9.06	0.7%	42.08	0.6%
咸宁	3670	2.0%	22.13	1.6%	61.47	0.9%
潜江	3579	1.9%	67.64	4.9%	315.33	4.5%
仙桃	982	0.5%	34.11	2.5%	168.86	2.4%
天门	937	0.5%	8.85	0.6%	48.33	0.7%
黄石	5921	3.2%	70.13	5.1%	209.85	3.0%
鄂州	800	0.4%	28.40	2.1%	139.27	2.0%
黄冈	722	0.4%	23.15	1.7%	45.08	0.6%
恩施	18420	9.9%	22.92	1.7%	48.56	0.7%
神农架	1991	1.1%	4.35	0.3%	6.17	0.1%
孝感	527	0.3%	4.06	0.3%	12.10	0.2%

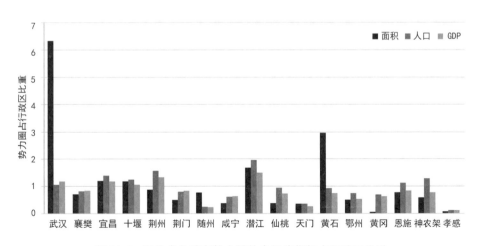

图 11-6　湖北省各城市势力圈社会经济指标占行政区比重

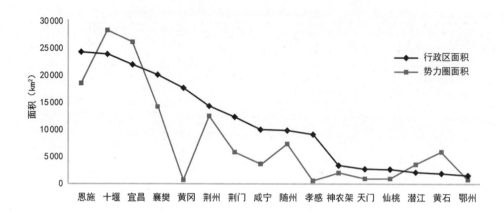

图 11-7　湖北省各城市(武汉除外)势力圈和行政区面积

　　从势力圈与行政区的关系来看,武汉、黄石、十堰、宜昌和潜江是势力圈大于行政区面积的城市,其中武汉和黄石是势力圈超出行政区最多的城市,武汉势力圈达到了行政区的 6.3 倍,而黄石达到 3 倍(图 11-6)。十堰、宜昌和潜江的势力圈面积分别达到行政区面积的 1.2 倍、1.2 倍和 1.7 倍。其他城市势力圈面积均显著小于其行政区面积,其中,中西部的势力圈面积都能达到其行政区面积的一半,而东部靠近武汉的城市势力圈均小于行政区一半,尤其是黄冈和孝感,仅分别占到行政区面积的 4% 和 6%。

2. 各城市势力圈人口分析

　　武汉势力圈不仅在面积上远高于其他城市,在人口上也达到了 661.2 万人,占全省的 47.9%。各城市势力圈人口占省域总人口均在 10% 以下,比例最低的是随州、神农架和孝感,不足省域人口的 1%,分别是 0.7%,0.3%,0.3%,其中超过 5% 的城市有宜昌、荆州、襄樊、十堰和黄石,分别是 8.8%,7.8%,6.4%,5.1%,5.1%。由此可见,武汉势力圈的规模首位度非常突出。

　　将各城市势力圈人口与行政区人口相比,势力圈内人口高于行政区人口的城市有东部的武汉、潜江和西部的宜昌、十堰、荆州、恩施和神农架,其中武汉的势力圈人口和其行政区人口相当,比例是 1.05:1,这与其势力圈面积形成鲜明对比。潜江的势力圈人口达到 67.6 万人,是其行政区内人口的 1.94 倍,是所有城市中最高的。其他城市的势力圈人口均少于其行政区人口,其中,省域西部和中部的襄樊、随州和荆门相对宜昌、十堰、荆州以及恩施和神农架,势力圈内人口规模相对自身行政区处于劣势。而天门、随州和孝感的劣势尤其明显,势力圈内人口仅相当于行政区人口的 34%,24% 和 11%(表 11-3 和图 11-8)。

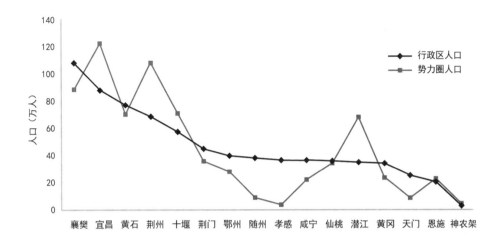

图 11-8　湖北省各城市(武汉除外)势力圈和行政区人口

3. 各城市势力圈 GDP 分析

武汉市的 GDP 达到 4 012.34 亿元,超过湖北全省 GDP 的一半,其他城市的 GDP 在全省 GDP 中均未超过 10%,同时有 7 个城市所占比例小于 1%,可见各城市势力圈内经济总量之间存在的巨大差距。宜昌的势力圈内 GDP 达到 624.84 亿元,位居全省第二,占到全省 GDP 的 9%,襄樊紧随其后,占 6.9%。势力圈内 GDP 最少的除去特殊建制的神农架林区,便是孝感,其 GDP 仅为 12.1亿元,只占全省总量的 0.2%。

17 个城市中只有武汉、宜昌、荆州、十堰和潜江的势力圈内 GDP 高于其行政区内 GDP(图 11-9),其中潜江高出近 50%,为最多,其次是荆州,势力圈内 GDP 高出行政区内 GDP30%,武汉和宜昌也都高出近 20%。其他城市的势力圈内 GDP 均低于行政区内 GDP,其中有 3 个城市势力圈内 GDP 低于行政区内 GDP 的 30%,分别为天门、随州和孝感,比例分别是 25.8%,20.7%和 10.3%。

11.3.3　各城市势力圈内社会经济指标分布的整体分析

由以上分析可见,武汉在湖北省内表现出极高的首位度,省内没有任何一个城市可以望其项背,整个省域内的 29.4%的面积,47.9%的人口和 57.8%的 GDP 都集中于武汉的势力圈内;宜昌、襄樊、十堰和荆州的影响力与其他城市比相对较强,4 城市的势力圈共占全省总面积的 43%,人口占全省的 28.1%,GDP 占 24.3%,但没有任一城市的势力圈有明显的相对优势。其他 12 个城市所有势力圈之和仅占省域面积的 27%,人口的 24%,及 GDP 的 17.9%,其中值得关

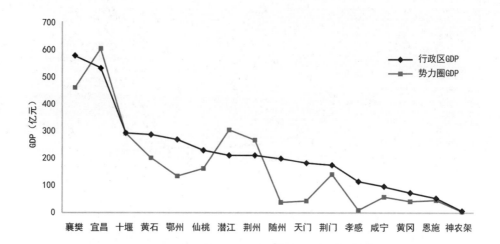

图 11-9　湖北省各城市(武汉除外)势力圈和行政区 GDP

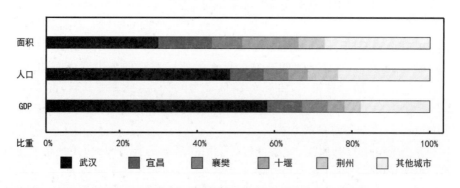

图 11-10　主要城市势力圈社会经济指标在湖北省的比重

注的是,潜江势力圈在面积、人口和 GDP 三者中相对其行政区都有向外较大的
拓展,而孝感则是在这三个方面均落后最多的城市(表 11-3、图 11-10)。

11.4　城市势力圈变化趋势分析

　　湖北省现状的发展战略目标是,"把湖北建设成重要的农产品加工生产区、
现代制造业聚集区、高新技术发展区、现代物流中心区"。国家高速公路网规划
中"三纵四横"网络贯穿湖北省域,并确定了武汉、黄石、荆州、宜昌、恩施、襄樊
和十堰 7 个城市为国家级公路运输枢纽,同时物流中心作为湖北省四大战略发
展方向之一,预计 2030 年湖北省未来综合交通体系的构建将对各城市产生较

大影响。

基于以上分析,根据湖北省综合交通规划和各城市总体规划的人口预测数据,用 HAP 对各城市划分势力圈,并将划分结果与现状势力圈进行比较(图 11-11、图 11-12)。

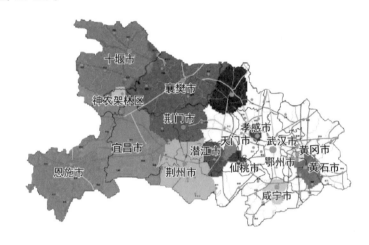

图 11-11　湖北省 2030 年主要城市势力圈划分图

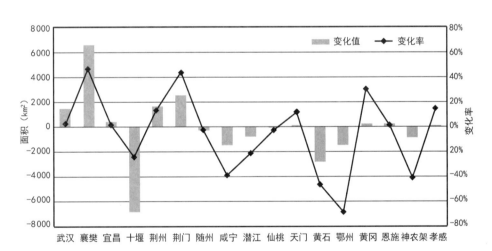

图 11-12　2008—2030 年湖北省主要城市势力圈面积变化

通过与 2008 年相比可见,各市势力圈并未发生结构性变化,省域东部城市的势力圈变化幅度较小,变化相对明显的是武汉和黄石,武汉势力圈继续增加,增加值为 1385km² ,但相对于其巨大的势力圈面积基数,增加比例不大,仅为 2.72% ;而黄石的势力圈面积减少 2755km² ,相对现状势力圈减少了将近 50% 。在省域西部,襄樊和十堰的势力圈变化明显,襄樊势力圈面积增加 6599km² ,变化率为 46.78% ,而十堰势力圈减少 6832km² ,相比现状减少 24.29% 。其他一些城市的势力圈变化率虽然比较大,但其现状基数较小,对整体势力圈划分影响不大。

11.5　研究结论

通过对湖北省主要城市势力圈的分析可以得到以下结论:

第一,从武汉与中部区域的其他中心城市势力圈比较,可以看出,居于湖北省东部的武汉辐射范围在河南、安徽、江西和湖南 4 个方向上已远超过省界范围,而从武汉与其他中心城市联系强度来看,武汉与这 4 省省会城市相比等级更高,武汉与长沙、南昌影响的强势范围连接成片,未来这 3 个城市一体化发展的机遇更大。

第二,不论是 2008 年还是 2030 年,武汉在湖北省的首位度都很高,除西部距离较远的十堰、襄樊、宜昌、恩施、神农架、荆州、荆门和随州外,其势力圈覆盖省域其他的 8 个城市,在省域的龙头地位不容置疑,目前全省将近 1/3 的面积,将近一半的人口,和超过一半的 GDP 都处于其势力圈内。而省域西部的宜昌和襄樊的势力圈虽然相比其他城市略有优势,但在与各城市的联系强度和影响强弱中并未起到区域中心的实质作用。

从潜力面分析来看,湖北省东部和中部发展潜力远高于西部,武汉、鄂州、黄石、黄冈和孝感成为湖北省最大的优势潜力面城市群。

第三,到综合交通规划构建和人口规模增长的 2030 年时,湖北省城市势力圈并无结构性变化,势力圈变化最明显的是十堰和襄樊的势力圈发生此消彼长的关系,襄樊的势力圈拓展明显,武汉势力圈虽有增加但幅度不大,其他城市的势力圈变化值都相对较小,因此襄樊和宜昌未来能否成为省域西部的副中心城市仍然面临严峻考验。

12　上海市对外联系及城市发展方向分析

在城市空间结构的形成中,城市发展方向的确定尤为重要。城市发展方向研究是城市发展战略的基础[31],是整个城市发展和土地利用总体规划的基础[32]。在城市总体规划中,该类研究是强制性内容,经过城市规划纲要编制阶段的论证和原则确定,在城市总体规划编制阶段最终确定[33]。

当前城市发展方向研究大多以定性分析为主,定量分析为辅。在定性分析中,一般有两种方法。第一种是定性评估城市发展所面临的各种有利条件、约束条件,对这些条件进行简单的评分,根据评分结果确定发展方向。第二种是情景分析法,是研究未来不确定状况的一种管理决策方法[34],描述某种事物状态未来几种最可能的发展轨迹[35];应用在城市发展方向分析中,是根据城市可能发展方向,制定不同发展方案(一般要求两个或两个以上),然后进行综合评价。

城市发展方向的定量分析一般也分为两类。第一类是土地适宜性评价等,为定性判断提供基础。第二类是收集城市的属性数据,构建评价模型来分析城市的发展方向。根据需要,评价模型有引力模型、层次分析法、多目标决策突变法等。

目前的方法中,定性分析法往往不能系统全面地考虑各项因素,带有较大的主观性[36]。定量分析虽然有较充足的根据,但较多关注城市内部的影响因素,对数据要求较高,对外部影响考虑较少。实际上,城市和区域城市体系的空间结构受到主要经济联系方向的牵引而有某种规律性[37]。因此,在城市发展方向研究中,应着重于对主要经济联系方向的分析。本研究以上海市对外交通流量为基础,分析城市发展方向和对外交通的关系,判断上海城市发展的主要方向,为相关规划编制和政策制定提供有益的借鉴。

12.1　研究方法与数据

12.1.1　研究思路

虽然现代区域发展理论认为可以应用产业集群理论、克鲁格曼新经济地理学等理论与生态、交通、区域联系等叠合分析城市空间发展方向[38],但城市发展方向与主要经济联系方向呈现一致性。为此,周一星提出"主要经济联系方向论"[37],认为城市和区域是开放的系统,其空间结构会受到外部力量的牵引,城市的实体地域会沿着它的对外联系方向延伸,当几个方向的力量不均衡时,城市会偏重于主要对外联系方向发展。

城市的对外联系包括经济、社会、文化、政治联系,其中经济联系是最基本的联系。这些联系通过物流、人流、资金流、信息流等形式得以实现,这四种方式具有极大的相关性。就对城市发展的影响而言,有形的物流、人流作用最为明显,尤其物流是经济联系和人流等的承载基础。因此,在当前社会,对外交通运输成为城市与外部联系的主要交通方式,是实现社会劳动地域分工的重要杠杆。也就是说,城市对外交通与城市对外经济联系方向高度相关,进而与城市空间发展方向高度相关。通过对城市对外交通的分析和预测,可以大致判别城市空间发展的主要方向。

12.1.2 研究方法

首先,采用以赫夫模型为基本原理的城镇势力圈划分法,划分上海市的城镇势力圈范围。北京、上海、广州是国家确定的 3 个区域一级城市,以 2009 年的中国城市统计年鉴中这 3 个城市的非农人口为数据,应用 HAP. net 软件划分上海市的城镇势力圈范围(图 12-1)。需要说明的是,距离指的是通过路网得到的实际时间距离,设置高速公路行车速度为 90km/h,国道行车速度为 80km/h,其中沪宁高速公路由于车流量较大,车速调整为 80km/h。

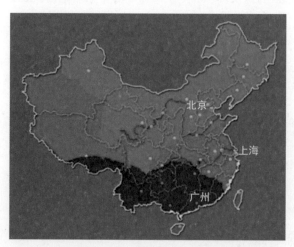

图 12-1　京沪广势力圈划分

由图 12-1 可知,上海市的城镇势力圈范围包括东、西两部分,考虑距离因素,西部的西藏、新疆通过高速与上海市联系的数量较小,在后续的分析中忽略不计。亦即后文分析中的上海城镇势力圈范围主要为江苏、浙江、安徽、湖北、湖南、福建和四川的一部分。

然后,采用最短距离法,划分城市对外高速出入口的服务范围。在城市势力圈范围内的任意一点通过道路到达城市高速出入口的距离最短(空间距离或时间距离),即认为该点是该高速出入口的服务范围。在划定的上海城镇势力圈范围内,应用最短距离法确定各高速出入口的服务范围(图 12-2)。由于 2004年、2008 年上海市对外高速出入口发生变化,各出入口的服务范围也产生了相应的变化。

图 12-2　上海腹地及周边的高速公路网

12.1.3　研究数据

以 2009 年上海市交通综合统计年报中上海市 2004—2008 年对外高速公路机动车日均交通量为对外交通数据,以上海市 2001 年、2005 年、2008 年的土地利用图为土地利用数据(图 12-3—图 12-5),以 2009 年中国城市统计年鉴中的非农人口数据为城市人口数据。通过以上数据分析对外交通与城市发展方向的关系。

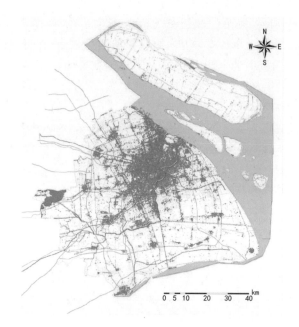

图 12-3 2001 年上海土地利用图

图 12-4 2005 年上海土地利用图

图 12-5　2008 年上海土地利用图

12.2　上海市空间发展与对外联系关系的历程分析

城市空间发展方向是形成上海市空间结构的关键因素之一,之前上海城市空间发展方向有过多次激烈的讨论[39]。经过研究发现城市空间发展方向与对外交通呈现直接相关的关系:通过对上海市 2001—2004 年、2005—2008 年的对外交通、土地利用的分析发现,虽然浦东开发是举国之策,并且投入了极大的资源,但由于上海市对外交通以向西发展为主,上海市的主要发展方向仍是向西。需要说明的是,高速公路是区域城市联系的主要承载设施,在城市对外联系中占据越来越重要的地位,因而本章主要分析上海市对外高速联系与城市空间发展方向的关系。

12.2.1　2001—2004 年的空间发展与对外交通

2000 年之后,随着经济的迅速发展,长三角城市一体化进程加速,上海市与其他城市联系加强,对外交通联系也加强,主要以与江苏城市、浙江城市的联系为主。与此同时,2002 年上海市获得世博会举办权,上海市迎来巨大的发展机遇,城市空间迅速拓展,尤其在浦西方向发展。

从上海市对外交通来看,这一阶段上海市对外高速公路有沪宁高速、沪杭高速、沪嘉浏高速,分别联系江苏省、浙江省、山东省的城市,对应的高速出入口分别为安亭、枫泾、朱桥。这一阶段上海市各高速出入口的年日均车流量见表12-1。由表12-1可知,上海市主要的对外交通方向是安亭方向和枫泾方向。这与各出入口的服务范围是相对应的。应用 HAP. net 软件,通过最短距离法将上海市的城镇势力圈分配给各对外高速出入口,结果见图12-6。表12-1 中各出入口的服务腹地面积比例显示,各出入口的腹地面积比例与对外车流量比重趋势相一致。

图 12-6　2004 年各高速道口服务范围划分结果

表 12-1　2004 年上海对外高速交通车流量、空间扩展

出入口	车流量	比重	腹地省份	腹地面积比例	建设用地面积扩展
朱桥(沪嘉浏高速)	8 000	8%	江苏、山东	6%	
安亭(沪宁高速)	55 000	56%	江苏、山东、安徽、河南、湖北、陕西、重庆、四川	65%	60%
枫泾(沪杭高速)	36 000	36%	浙江、安徽、福建、江西	30%	40%

从上海市的空间扩展来看,由上海市 2001—2004 年建设用地空间拓展图(图 12-7)可知,从 2001 年到 2004 年,城市空间扩张主要集中在浦西,其与浦东的建设用地扩张比例约为1.8∶1。就浦西自身而言,安亭、朱桥方向的建设用地扩展与枫泾方向的建设用地扩展的比例约为3∶2。

图 12-7　2001—2004 年上海市城市建设用地的扩张

由以上数据可知,高速出入口服务范围、对外交通方向、城市空间方向具有一致性。从大的方向而言,2001—2004 年,上海市对外的高速公路车流量主要集中在浦西方向,相对应的是上海市空间扩张方向也以浦西为主,浦西与浦东在 2001—2004 年建设用地扩张的比例约为 1.8。就浦西内部而言,各道口的车流量比例与腹地面积比例呈现正相关的关系,安亭道口的服务面积最大,占 65%,对外交通量也最大,对应的建设用地面积扩张也最大。也就是说空间发展方向与对外交通流量直接相关。

12.2.2　2005—2008 年的空间发展与对外交通

这一时期,上海市城市发展加速,对外交通网络逐渐形成,对外高速出入口也新增了金泽和新联,形成 5 个对外高速出入口:朱桥、安亭、金泽、枫泾、新联,分别对应沪嘉浏高速、沪宁高速、沪青平高速、沪杭高速、莘奉金高速。相对应的是,上海市的空间扩展也主要是往这几个方向发展。

从上海市对外交通联系来看,虽然新增了金泽、新联 2 个对外高速出入口,但

对外交通联系的主要方向仍是安亭方向、枫泾方向,占上海市对外交通的车流量
比重分别为 31.7%,27.5%,但相对 2004 年都有所下降。朱桥车流量快速上升,
占上海市对外交通的比例提升为 25%。新增的 2 个出入口对外交通量相对较小。
除了金泽外,这一结果与各高速公路出入口的服务范围是相对应的。应用
HAP.net软件,通过最短距离法将上海市的城镇势力圈分配给各对外高速出入
口,结果见图 12-8,各道口服务腹地面积比例见表 12-2。由表 12-2 可知,金泽、枫
泾、安亭 3 个出入口的服务范围比重最大,分别为 34.1%,30.3%,19.5%。

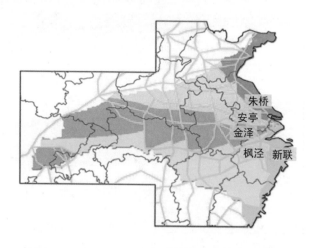

图 12-8　2008 年上海各高速道口服务范围划分结果

表 12-2　2008 年上海对外高速交通车流量、空间扩展

出入口	车流量	比重	腹地省份	腹地面积比例	建设用地扩展
朱桥	37 021	25%	山东、江苏	9.6%	
安亭	46 834	32%	江苏、安徽、河南	19.5%	43%
金泽	12 339	8%	安徽、湖北、河南、陕西、重庆、四川	34.1%	21%
枫泾	40 531	28%	浙江、江西、福建、湖北、重庆、四川	30.3%	
新联	10 799	7%	浙江、福建	6.6%	36%

　　从上海市的空间扩展来看,由上海市 2005—2008 年建设用地空间拓展图
(图 12-9)可知,上海市的城市空间扩张仍主要集中在浦西,其与浦东的建设用
地扩张比例约为 2.3∶1。就浦西自身而言,安亭和朱桥方向、金泽方向、枫泾方
向的建设用地扩张比例约为 6∶3∶5。

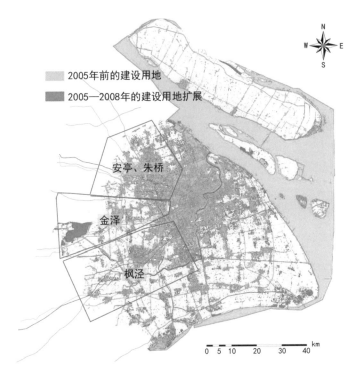

图例：
2005年前的建设用地
2005—2008年的建设用地扩展

安亭、朱桥

金泽

枫泾

0 5 10   20   30   40 km

图 12-9 2005—2008 年上海市城市建设用地的扩张

　　以上数据显示，这一阶段上海市的对外交通联系、高速公路出入口服务范围、城市空间扩展基本上相对应。从对外高速车流量来看，2008 年安亭、朱桥方向的对外高速车流量仍是最大的，占上海市对外高速公路交通比例为 57％。相对应的是，安亭、朱桥方向的空间扩展面积也最大，占上海市空间扩展的比例约为 43％。枫泾、新联方向的对外高速车流量为 35％，对应的建设用地扩展面积占上海市总体的 36％，服务的腹地面积占上海市腹地面积的比重为 37％。可以认为空间扩展方向与对外交通车流量直接相关，也与腹地面积比例直接相关。需要注意的是，金泽方向虽然腹地广阔，占上海市腹地面积比重为 34％，是 5 个方向中腹地面积最大的，但 2008 年对外高速车流量的比重较小，建设用地扩展的比重也比较小。这主要有两方面原因：首先，金泽道口的服务腹地为安徽、湖北、陕西、重庆等省，比起其他道口所服务的江苏、浙江、山东，经济相对落后。其次，金泽道口的近距离腹地较少，车流量与距离高度相关，距离越远，相互联系越少。

12.2.3　上海市城市对外联系

　　由 2001—2004 年、2005—2008 年上海市对外高速交通与空间扩展的分析可知,城市空间发展方向与对外交通联系紧密相关。因此,可以通过对外交通的预测分析城市空间发展方向。以国家高速公路网规划为基础对各高速道口的腹地面积进行重新划分,并尝试增加上海到舟山的跨海大桥(隧道),以分析上海市空间发展的更多可能性。也就是说,相对 2008 年的 5 个对外高速道口,2020 年将新增 2 个对外高速道口:上海到崇明、南通(以下简称沪崇通)的道口、上海到舟山的道口。应用 HAP.net 对上海市的腹地范围进行重新划分,得到图 12-10 和表 12-3。

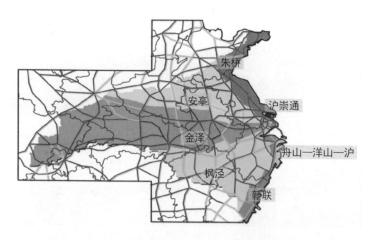

图 12-10　2020 年上海市对外高速道口服务范围分析

表 12-3　2020 年上海市对外各道口服务面积占总体的比重

出入口	腹地所占比重	相对 2008 年的变化
沪崇通	0.60%	0.60%
朱桥	8%	−1.60%
安亭	20%	0.50%
金泽	43%	8.90%
枫泾	23.20%	−7.10%
新联	4%	−2.6%
舟山—洋山—沪	1.10%	1.10%

　　由表 12-3 可知,国家高速公路网规划的实施将会改变部分城市到上海市的时间距离,尤其是枫泾所服务的重庆、四川、湖北等腹地变为金泽道口所服务的

腹地,而朱桥、安亭、新联 3 个道口的腹地面积变化较小,新增的沪崇通道口、上海至舟山道口对上海市对外交通格局的改变较小。

根据城市空间发展方向与对外交通联系直接相关的假设,可以判断至 2020 年,由于上海对外交通仍是以浦西方向为主,上海市空间发展方向也以浦西方向为主。具体各高速道口方向而言,安亭和朱桥道口、枫泾道口占上海市对外交通腹地面积比例分别为 28% 和 23.2%,排名靠前,同时考虑到服务范围内江苏、山东、浙江距离较近、经济发达,可以认为安亭和朱桥方向、枫泾道口方向仍将是上海空间扩展的主要方向。虽然金泽道口腹地面积占总体的比重较大,但腹地内的武汉、重庆等重要城市距离上海较远,接受上海的辐射力有限,通过高速道路联系的比重较小,因而并非上海市的主要对外发展方向。新修建的沪崇通道口、上海至舟山的跨海大桥对上海市对外交通格局的改变不大,并不会带动相应方向城市空间的大幅扩展。

12.3 结论

城市空间发展方向是城市发展和城市规划的基础,当前应用的定性分析方法过于主观,定量分析方法往往关注城市自身状况,忽略城市与区域其他城市的关系,从区域角度来确定城市空间发展方向。本研究认为城市发展方向应与主要对外经济联系方向一致,也就是说城市空间发展方向与城市对外交通主要发展方向一致。进一步地说,城市空间发展方向与对外高速公路道口的腹地服务范围有较大的一致性,本研究提出可以通过城镇势力圈划分方法(HAP. net)来确定各道口的腹地服务范围。应用 2001—2004 年、2005—2008 年上海市对外高速交通、城市空间发展验证了上述假设,并利用国家高速公路网规划对 2020 年上海市空间发展方向进行预测,认为上海市空间发展方向仍将是以浦西为主,尤其是朱桥和安亭方向、枫泾方向。

基于对外交通的城市空间发展方向分析方法兼顾了城市自身特点、与区域其他城市的关系,简单易用。当然,基于对外交通的城市空间发展方向方法只是提供了初步的分析和判断,在城市区域研究和规划编制中,需要在此基础上,根据多方面的资料进行综合的判断。

13 沪宁杭三市一日交流圈的
空间特征及其比较

　　一日交流圈是都市圈的一种,反映了以一日为周期的经济高度联系地区。衡量都市圈范围的核心指标是交通时距,以此为依据的都市圈可以有很多种(如半小时都市圈、一小时都市圈等),而一日交流圈是其中较为重要的一种。由于不能当日返回而不得不付出一定的额外成本,中心城市与区域的关联度在一日交流的边界处发生跳跃,使得一日交流圈内部的经济联系强度显著高于与外部的联系。

　　日本将任意一点为起点,单程 3h 可到达范围定义为"一日交流圈"[40]。由于我国交通设施现状较差,私人交通工具较少,对普通居民而言,一般出行均采用火车和长途汽车等公共交通工具,而其舒适和便捷程度与日本私人交通工具比较相差甚远。因此,我国一日交流圈的时距应低于 3h。假设适合于一般居民出行(不至于影响第二天的日常活动)的时间为:早上 7:30 出发,晚上 19:30 返回,则全天出行时间 12h;减去在两地城市内的平均交通时间约 0.5h,共 1h;再减去各城市一般午休时间 1h,再减去在目的地办事时间大约 5h,得到的单程交通时间约为 2.5h。在此,我国"一日交流圈"定义为以任意城市中心为起点,采用公共交通方式出行在单程 2.5h 内的可到达范围[41,42]。

13.1　研究目的、方法和内容

　　本研究的目的是划分和分析上海、南京和杭州市的现状一日交流圈的范围和特征,比较三者一日交流圈整体形态的特点,并定量分析各种等级的公路对三个城市一日交流圈的贡献。同时,分析三个城市一日交流圈的动态变化过程,并对将来一日交流圈的分布进行展望和预测。

　　本次研究采用 GIS 网络分析技术划分一日交流圈,在此基础上定量分析和定性分析结合、理论研究与实证分析结合,进行一日交流圈的基本情况、影响因素、动态变化等分析。

　　研究内容包括:划分沪宁杭三市现状一日交流圈,分析其空间特征和影响因素;对三城市的现状一日交流圈的整体形态和各种交通基础设施对一日交流圈的贡献进行定量比较分析;对沪宁杭三市一日交流圈的动态过程,包括 1990

年和 2000 年一日交流圈的扩大,以及对未来交通网络重大项目建设引发一日交流圈的拓展作出分析和对比。

13.2　划分方法和地理信息库建立

13.2.1　划分方法

通过集成 GIS 中的网络分析模块、3D 模块和空间分析模块,采用了网络分析——数字高程(TIN)模拟结合的技术方法划分一日交流圈。该方法是利用 ARC/VIEW 软件中建立不规则三角形网络(TIN)空间模型的源数据可以是线性数据这一特点,用不同时间段内通过的公路来模拟等高线以建立空间模型[42]。

13.2.2　空间数据库的建立

地理信息数据库的范围覆盖沪、苏、皖、浙三省一市,所建立的数据信息有:县级以上城市的位置,所有县级以上各级公路的走向和等级①,以及各市、县、区行政范围、水域等。在数据库中采用关系型数据结构存储,所有的实体要素都建立了拓扑关系。

13.2.3　数据来源及若干设定

2000 年各省市地理和交通设施等基础数据源自 2001 年各省交通地图,1990 年公路网和道路长度等数据源自 1992 年版全国交通地图册。各市域、县域面积和人口等数据源自上海统计年鉴(2001 年、2000 年)、江苏统计年鉴(2001 年)、浙江统计年鉴(2000 年)。

各级公路平均速度为设计车速乘以折减系数,2000 年折减系数取 0.8,1990 年折减系数取 0.6。

13.3　三市一日交流圈现状特征及其比较

13.3.1　上海市一日交流圈现状

上海市现状(2000 年)的一日交流圈划分结果如图 13-1 所示。受长江和钱塘江的阻隔,上海市一日交流圈以上海为中心呈扇形向西展开,覆盖了上海市域、苏州市域、无锡市域、嘉兴市域以及泰州、镇江、杭州、绍兴和南通的部分地区,总面积 23 794km²,覆盖总人口 3 308 万人。

---

①　为提高计算结果的精度,需要在网络中增加一级密基层路。新增加的第五级道相当于村镇级道路,由于无法获取相关资料,研究中利用方格网进行模拟,经过试验最终确定采用 4km×4km 方格网。

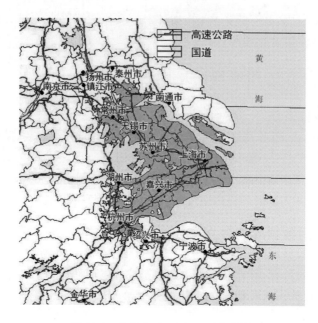

图 13-1　上海市 2000 年一日交流圈

上海一日交流圈主要借助于沪宁、沪杭两条高速公路分别向西北、西南两个方向延伸，其中北端最远接近泰州，西端最远到达镇江，南端最远濒临诸暨和上虞，各方向最远延伸距离约 235km，最短延伸距离也超过 130km。2000 年上海一日交流圈主体部分仍然局限在长江和杭州湾之间，地理障碍成为其增长的最大制约因素，东侧东海、西侧太湖、南侧的杭州湾、北侧长江都阻碍了高等级交通设施的延伸，所以尽管其一日交流圈范围内的高等级公路密度较高、各级公路衔接较好，但面积仍然较小。现状上海一日交流圈内的地级以上城市主要有：上海、常州、无锡、苏州、湖州、嘉兴、杭州和绍兴。

13.3.2　南京市一日交流圈现状

南京市现状（2000 年）一日交流圈覆盖了南京市域、镇江市域、常州市域、芜湖市域、巢湖市域、滁州市域以及淮安市域、扬州市域、无锡市域、苏州市域、宣城市域、合肥市域的部分地区，总面积 51140km²，覆盖总人口 3395 万人（图 13-2）。

与上海的沿海区位不同，南京市位于内陆地区，一日交流圈向各个方向都可以扩展，从形状来看，呈不规则多边形；从延伸范围来看，北、西和东南三个方向的最远延伸距离都达到 235km，其中北端最远位置已经越过淮安市，西端最远到达六安，东南向最远接近昆山市，但未到达上海市。最短延伸距离也超过 130km，其中南端到达泾县、宣城市、郎溪县一带，西北端最远到达安徽凤阳县、

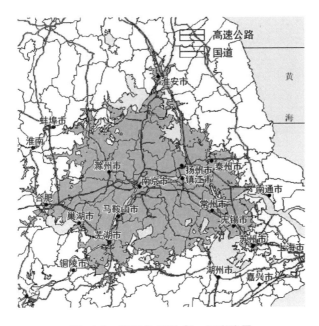

图 13-2　南京市 2000 年一日交流圈

五河县。南京市现状一日交流圈内包含的地级以上城市有：合肥、马鞍山、芜湖、巢湖、滁州、蚌埠、淮安、泰州、常州、无锡、镇江和扬州。

13.3.3　杭州市一日交流圈现状

杭州市的一日交流圈（2000 年）总面积 48 395km²，覆盖总人口 3 737.5 万人，覆盖了杭州市域、嘉兴市域、湖州市域、上海市域、绍兴市域以及无锡市域、苏州市域、金华市域、台州市域的部分地区（图 13-3）。

杭州市位于钱塘江入海口，从地理位置来看既不属于边缘城市也不属于中心城市，在区域中的中心性介于上海市和南京市之间。杭州一日交流圈东部受到东海的阻挡，北部受到太湖的影响，西部受浙西山区和千岛湖的影响，从形状来看呈不规则多边形，飞地现象出现在东南方向和东北方向；从延伸范围来看，北、东北和东南三个方向的最远延伸距离都达到 220km，其中北端最远已经到达常州市，西端最远到达浙皖交界处，东南向已经濒临东海，最短延伸距离也超过 150km。杭州一日交流圈现状包含的地级以上城市有：上海、苏州、无锡、常州、湖州、嘉兴、绍兴和宁波。

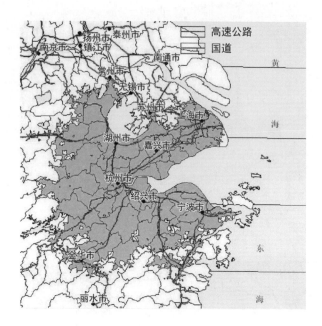

图 13-3　杭州市 2000 年一日交流圈

13.3.4　沪宁杭三市的一日交流圈的比较

1. 整体比较

本研究选取了一日交流圈形状、最远直线延伸距离、一日交流圈面积、覆盖人口、人口密度和 GDP 六项指标，这些指标基本上可以反映一日交流圈整体的形态和社会经济属性。2000 年三个城市一日交流圈的整体基本特征比较见表 13-1。

表 13-1　2000 年沪宁杭三市一日交流圈基本特征比较

城市	形状	最远直线延伸距离 （km）	面积 （km²）	人口 （万人）	GDP （亿元）	人口密度 （万人/km²）
上海	扇形	210	23 795	3 307.95	10 683	0.139
南京	不规则多边形	205	51 140	3 394.74	7 118	0.066
杭州	不规则多边形	195	48 395	3 737.5	14 839	0.077

从表 13-1 中可以看出，上海市的各项特征与其他两个城市差别较大，由于上海市位于大陆边缘，受地理障碍影响较多，形状与南京、杭州不同，而且

一日交流圈面积也仅为其他两个城市的一半。但上海一日交流圈内人口总量与南京、杭州两市几乎相同,一日交流圈内的国内生产总值介于南京和杭州之间。

最远直线延伸距离相当于最大辐射半径,上海市为 210km,比南京市(205km)多 5km,比杭州市(195km)多 15km,也就是说在相同的时间内上海市的最远延伸距离较长,说明一日交流圈内主要干线公路的弯曲度[①]较小,而南京和杭州则相对较大。

2. 各级公路的贡献率比较

各级公路在建构一日交通圈时发挥着不同的作用,高等级快速公路具有拓展、延伸作用,是支撑一日交流圈的骨架;与高、低等级公路都互通的国道、省道具有衔接、转承的作用;密度较高的低等级公路网则充当了填充的角色[41]。

各级公路的作用不同,对一日交流圈的贡献程度也不同,本研究选取两个指标来比较各级公路对一日交流圈的贡献程度,这两个指标是:各等级公路存在前后单位长度所贡献的一日交流圈面积(以下简称单位长度面积贡献率)和各等级公路速度变化所引起的一日交流圈面积变化率(以下简称速度弹性),计算公式如下。

$$\begin{array}{l} \text{单位长度} \\ \text{面积贡献率} \end{array} = \frac{\begin{array}{c}\text{某级公路存在时} \\ \text{一日交流圈面积}\end{array} - \begin{array}{c}\text{某级公路删除后} \\ \text{一日交流圈面积}\end{array}}{\text{该级公路存在时一日交流圈范围内该级公路长度}} \qquad (13\text{-}1)$$

$$\text{速度弹性} = \frac{\left(\begin{array}{c}\text{提速后的一日} \\ \text{交流圈面积}\end{array} - \begin{array}{c}\text{提速前的一日} \\ \text{交流圈面积}\end{array}\right) \Big/ \begin{array}{c}\text{提速前的一日} \\ \text{交流圈面积}\end{array}}{(\text{提速后的速度} - \text{提速前的速度}) / \text{提速前的速度}} \qquad (13\text{-}2)$$

单位长度面积贡献率是一个平均值,体现的是各级公路存在时单位长度所对应的平均一日交流圈面积,从某种意义上也可以近似地认为是新建单位长度的公路可以带来的一日交流圈面积增加量;一日交流圈面积的速度弹性则借助经济学中的弹性理论,分析速度变化的弹性,即一日交流圈范围对各级公路速度变化的敏感程度,分别考察各级公路速度增长 10% 时的沪宁杭三市的一日交流圈,再应用弧弹性公式计算弹性。两个指标从两个不同的角度进行观察,可帮助我们全面把握各级公路对一日交流圈的贡献。

从表 13-2 可以看出,三个城市的高等级公路的单位长度面积贡献率都高

---

① "弯曲度"是描述现状物体弯曲程度的一个重要参数,定义为曲线长度与曲线的两个端点之间长度的比值。

于低等级公路,就是说目前交通条件下高速公路对一日交流圈的贡献远远超过其他各级公路;从高速公路到县道,各城市都表现为梯度变化,其中上海市变化最平缓,杭州市变化最剧烈。与一日交流圈面积增长率的结果不同,杭州和南京一日交流圈内省道的单位长度面积贡献率低于国道,没有表现出巨大的贡献率。以杭州为例,其高速公路的单位长度面积贡献率是省道的3.1倍,国道的单位长度面积贡献率是省道的1.6倍,而高速公路和国道的一日交流圈面积增长率都低于省道,主要原因是杭州一日交流圈内高速公路和国道密度较低,即使单位长度面积贡献率较大,但总长度较短,导致一日交流圈面积增长率较低。

表 13-2　沪宁杭三城市各等级公路单位长度面积贡献率(单位:km^2/km)

城市	高速公路	国道	省道	县道
上海	6.248	5.252	2.335	0.753
南京	12.215	8.548	4.597	1.1
杭州	14.386	7.422	4.632	0.91

各等级公路中高速公路对各城市的影响差距最大,其中杭州最大,南京次之,这两个城市几乎是上海的两倍。一方面是由于杭州一日交流圈内的高速公路密度较低;另一方面,杭州一日交流圈内的高速公路与国道的空间距离较大,具有较强的不可替代性。长江三角洲内高等级公路的建设与经济发展密切相关,始终沿着主要的经济发展轴线,高速公路的走线大都与国道相同,甚至几乎是近距离平行设置,具有一定的可替代性,这种布局大大降低了高速公路的作用,而那些远离国道设置的高速公路则具有较大的单位长度贡献率,表现出较强的不可替代性。因此,上海市与杭州市相比,在现有的发展方向上通过新建高等级公路扩展其一日交流圈的潜力较低。

表 13-3 比较了三个城市各级公路的速度提高 10% 以后一日交流圈表现出的速度弹性。各城市高等级公路的速度弹性基本上都高于低等级公路,而且国道、省道和县道的速度弹性都较低,说明通过对这三级公路提高速度的方式对一日交流圈的拓展效用不大;而各城市的高速公路的速度弹性都比较大,其中上海市最大,大大超过南京和杭州。

表 13-3　沪宁杭三市一日交流圈的速度弹性

城市	高速公路	国道	省道	县道
上海	1.153	0.486	0.209	0.15
南京	0.974	0.629	0.396	0.07
杭州	0.752	0.325	0.377	0.142

13.4　三市一日交流圈的动态变化及其比较

13.4.1　上海市 1990—2000 年一日交流圈的扩展与未来拓展

1. 上海市 1990—2000 年一日交流圈扩展

1990 年,长江三角洲公路网络中还没有出现高速公路,国道是主干线,包括 204 国道、312 国道、318 国道和 320 国道等。当时上海一日交流圈如图 13-4 所示,面积为 12 350km²,集中在杭州湾、太湖和长江入海口所包围的三角形区域内。

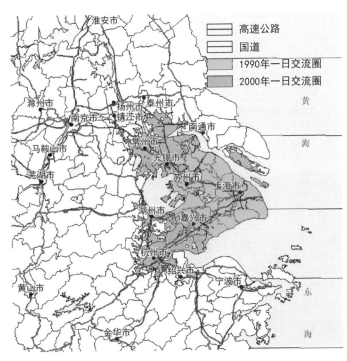

图 13-4　上海市 1990—2000 年一日交流圈变化

　　1990—2000 年间区域交通基础设施的新建和改善大大促进了上海一日交流圈的拓展,沪宁、沪杭、杭甬、宁通等高速公路的建成使用,江阴大桥建成通车,国道和省道的改造,以及整个区域公路网络的逐步完善导致整体运行速度的提升,极大地促进了一日交流圈的迅速扩展。1990—2000 年的十年间上海一日交流圈范围扩大了近一倍(达到 92.7%),边缘由常熟、无锡、嘉兴等地分别向西北和西南延伸到镇江、湖州和杭州,向西推进约 110km;江阴大桥建成使跨越长江交通时间从至少 30 分钟减少到只需 3 分钟,上海一日交流圈也得以越过长江,向苏北辐射。

2. 上海市一日交流圈的未来拓展

　　目前已列入国家重大工程规划的交通设施主要有:长江口跨江通道、杭州湾大桥以及宁沪杭高速铁路等项目,这些重要交通设施的建设将极大促进未来上海一日交流圈的拓展(图 13-5)。上海一日交流圈将沿着沪宁、沪杭两条高速铁路向西北和西南大幅度延伸,覆盖面积将达到 64 000km^2,占长江三角洲全部面积的 70%以上;圈内人口为 6137 万人,占长江三角洲区域总人口的 83.3%。

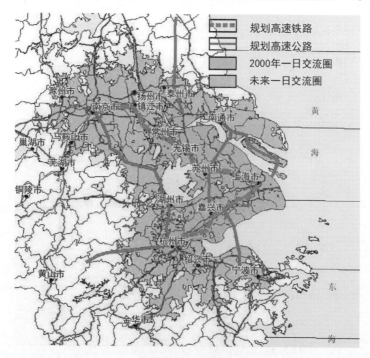

图 13-5　上海市 2000 年—未来一日交流圈变化

13.4.2 南京市 1990—2000 年一日交流圈的扩展与未来拓展

1. 南京市 1990—2000 年一日交流圈的扩展

1990 年通过南京的高等级公路包括：104 国道、205 国道、312 国道。南京市 1990 年一日交流圈主要沿这些干线向各方向延伸(图 13-6)，其中向东到达丹阳，向北到达洪泽湖岸，向西到达合肥，向南到达芜湖，东南到达溧阳，其延伸范围接近于圆形。1990 年南京市一日交流圈仅覆盖了南京市域以及镇江市域、常州市域、芜湖市域、巢湖市域、滁州市域、淮安市域、扬州市域、合肥市域的部分地区，总面积仅为 21310km^2。

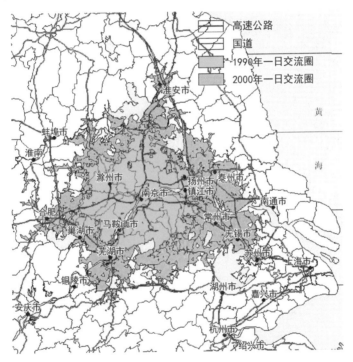

图 13-6　南京市 1990—2000 年一日交流圈变化

2000 年宁通、沪宁、宁连、宁马、宁高等高速公路相继建成，极大地拓展了南京市一日交流圈(图 13-6)，最远延伸距离几乎扩大了一倍，其中主要拓展方向为向东，扩大了 100km，从丹阳延伸到无锡；其次为向北和向南，覆盖半径扩大了约 70km，北方从扬州金湖县延伸到淮安市涟水县，南向从芜湖市延伸到宣城地区泾县；向西方向虽然不太明显，延伸范围也拓展了约 40km。与 1990 年相比，2000 年南京一日交流圈面积增长了 140%。

2. 南京市一日交流圈的未来拓展

南京市目前在建和规划的高速公路有宁杭高速、宁淮高速、宁蚌高速以及宁巢高速等①，实施后将有效地改善这些方向的交通联系程度。另外润扬大桥、苏通大桥等跨江通道和宁沪杭高速铁路都将极大地促进南京市一日交流圈的拓展。图 13-7 模拟了这些重大项目实施后的南京市一日交流圈。

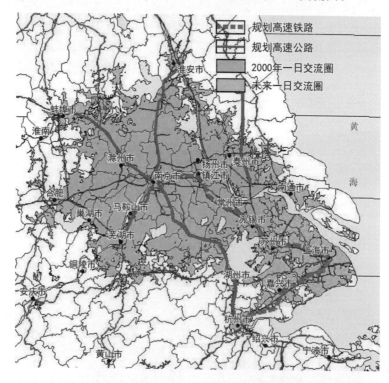

图 13-7   南京市 2000 年—未来一日交流圈变化

未来南京市一日交流圈将达到 73 360km²，覆盖人口达到 6 070 万人，其中杭宁高速公路、润扬大桥、宁淮高速、宁蚌高速以及宁巢高速使南京市一日交流圈扩大 11.1%，达到 56 830km²，而宁沪杭高速铁路使南京市一日交流圈扩大 32.3%，达到 67 600km²。未来南京市一日交流圈的拓展方向仍然是东南方向，将覆盖上海市域大部分以及嘉兴和杭州的部分地区；其他方向也都有所拓展，平均拓展了约 50km，但是仍未覆盖到江苏省北部。

---

① 未考虑南京以北方向的高速铁路。

13.4.3 杭州市 1990—2000 年一日交流圈的扩展与未来拓展

1. 杭州市 1990—2000 年一日交流圈的扩展

1990 年以杭州为核心的高等级公路主要包括 320 国道、329 国道、104 国道,杭州市 1990 年一日交流圈与国道布局相吻合,呈近似的六边形(图 13-8),总面积仅为 19 295km²,覆盖了杭州市域以及绍兴市域、湖州市域、嘉兴市域的部分地区。

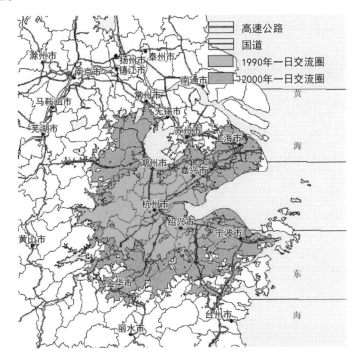

图 13-8　杭州市 1990—2000 年一日交流圈变化

2000 年杭州一日交流圈与 1990 年相比,面积增加了 150%,沪杭、杭甬、杭湖、杭金等高速公路的建成极大地拓展了杭州市一日交流圈,最远延伸距离几乎扩大了 1 倍,其中主要拓展方向为东南和东北,扩大了 100km,东南方向从绍兴延伸到东海边,东北方向从嘉兴延伸至上海宝山;其次为向北和向南,覆盖半径扩大了约 80km,北方从长兴县延伸到常州市,南向从诸暨市延伸到金华地区的武义县、永康市;向西方向虽然不太明显,延伸范围也拓展了约 30km,从建德市延伸到浙皖边界。

2. 杭州市一日交流圈的未来拓展

杭州市目前在建和规划的高速公路有宁杭高速、杭黄高速和杭宣高速等,实施后将有效地改善这些方向的交通联系方便程度。另外润扬大桥、苏通大桥等跨江通道和宁沪杭高速铁路都将极大地促进杭州市一日交流圈的拓展(图13-9)。

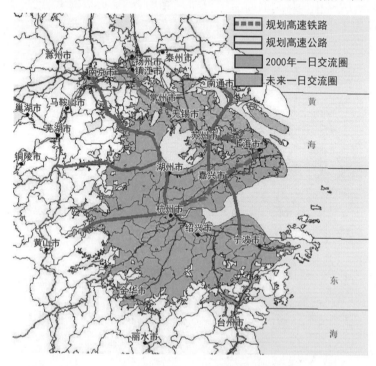

图 13-9   杭州市 2000 年—未来一日交流圈变化

未来杭州市一日交流圈将达到 $63015km^2$,覆盖人口达到 5276.53 万人,其中宁杭高速、杭黄高速和杭宣高速、润扬大桥和苏通大桥使杭州市一日交流圈扩大 9.8%,达到 53165km^2,而宁沪杭高速铁路使杭州市一日交流圈扩大 20.4%,达到 58245km^2。与 2000 年相比,将进一步快速向北拓展,最远延伸距离达到 320km,已经完全覆盖了苏州市域、无锡市域、常州市域,以及南京、扬州、泰州和南通的部分地区;向其他方向也都有所拓展,平均拓展约 50km。长江三角洲的 15 个地级以上城市除泰州外将都被杭州市一日交流圈覆盖。

13.4.4   三市一日交流圈动态变化的比较

在以上三个城市一日交流圈动态分析的基础上,对沪宁杭 1990 年、2000 年和未来一日交流圈面积和变化进行比较(表 13-4,图 13-10)。

表 13-4　沪宁杭一日交流圈动态变化比较（单位：km²）

城市	1990 年面积	2000 年面积	未来面积	1990—2000 年增加		未来增加	
				面积	比率	面积	比率
上海	12 353	23 795	69 869	11 442	192.63%	46 074	193.63%
南京	21 313	51 140	73 361	29 827	239.95%	22 221	43.45%
杭州	20 158	48 395	63 014	28 237	240.08%	14 619	30.21%

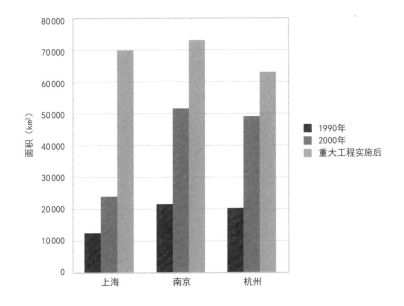

图 13-10　沪宁杭一日交流圈面积动态变化

　　1990—2000 年间，上海由于受东海、太湖、长江和钱塘江的水系障碍影响，一日交流圈扩展幅度较小。而同期南京和杭州由于周边地理障碍较少一日交流圈有了很大的拓展。上海与南京和杭州一日交流圈面积的差距不断扩大。

　　由于目前上海的一日交流圈已跨越了长江和钱塘江，随着跨江通道、跨海通道以及高速公路的建设，其拓展的增幅将不断扩大，而同时，南京和杭州的一日交流圈的拓展已开始受到太湖、长江和东海等限制。因此，上海一日交流圈未来的拓展速度将会超过南京和杭州两市。但是由于上海现状与南京和杭州有较大的差距，在以上重大交通设施实施后，三城市一日交流圈面积将趋于相同。

附:基于互联网地图服务的三市一日交流圈特征

互联网地图服务拥有完善的路网信息,包括高速出入口、道路互通关系以及精细到小区道路级别的路网,且面向用户提供免费的点到点导航服务。将城市中心的一点 A(如市政府所在地)作为出行的出发地或目的地,在其周边一定距离内建立矩形点阵,借助计算机程序批量向服务器发起导航请求,以获取点阵内每一点到点 A 的预估所需时间(包括驾车、高铁、公交等交通方式)。在得到点阵的交通时间信息后,利用 ArcMap 软件的空间插值得到交通时距栅格,再划分等值线,取其中的 3 小时等时线作为一日交流圈的范围[41]。

1. 基于公路出行的一日交流圈

2015 年,上海市作为沪宁杭地区的首位城市,其基于公路的一日交流圈(图 13-11)呈现出以上海为中心扇形向西展开的特征,覆盖了上海、苏州、常州、无锡、南通、湖州、嘉兴、杭州、绍兴、宁波等城市,覆盖面积约 50 157km² (未排除太湖等水域的面积,也包含了舟山市的岛屿等,下同)。由于长三角地区的高速公路网络已经相对完善,因此基于公路的一日交流圈相对均匀地沿着高速公路向各个方向延伸,因跨长江和杭州湾大桥的建成,长江和杭州湾并未对一日交流圈产生明显的阻隔。由于各级公路的平均行驶速度存在明显差异,一日交流圈

图 13-11 上海市基于公路的一日交流圈范围

在边缘表现为沿高速公路的指状分布,并在高速公路的出口处形成飞地以及在距离高等级道路较远的地区产生覆盖空洞。

南京市作为沪宁杭地区的第二大城市,由于位处内陆地区,不受海岸线的影响,其基于公路的一日交流圈(图 13-12)表现为以南京市为中心向各个方向发展的不规则多边形,覆盖了南京、马鞍山、镇江、扬州、滁州、常州、无锡、苏州、淮阴、蚌埠、合肥、芜湖、铜陵、湖州等城市的全部或部分地区,总覆盖面积达 88 353km²。其一日交流圈的形态主要受高速公路网分布的影响,在边缘区域,一日交流圈在高速路网的中心如合肥市、铜陵市、苏州市、淮阴市形成新的极核继续扩展。

图 13-12　南京市基于公路的一日交流圈范围

杭州市作为沪宁杭地区继南京市之后的另一个二级中心城市,其基于公路的一日交流圈(图 13-13)呈现出东部受杭州湾阻隔、其他方向沿高速公路发展的不规则多边形,覆盖杭州、嘉兴、湖州、绍兴、上海、苏州、无锡、常州、马鞍山、衢州、金华、舟山、宁波等城市的全部或部分地区,总覆盖面积达 76 766km²。其一日交流圈的形态主要也受高速公路网的影响,而高速公路网的布局则受地理因素的影响,如在一日交流圈的北边缘,城市间路网更为复杂,指状现象不明显;而在一日交流圈的西和南边缘,由于受地理因素如山势的影响,路网结构较为单一,指状与空洞现象明显。

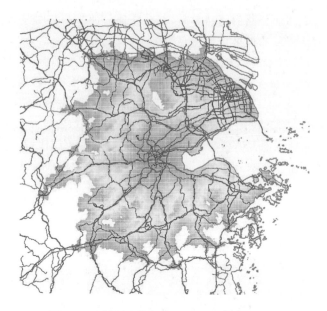

图 13-13　杭州市基于公路的一日交流圈范围

整体来看,沪宁杭三个城市的基于公路出行的一日交流圈主要受高速路网与地理因素的影响,高速公路在城市间交通联系上显得尤为重要。三个城市中由于上海市位于沪宁杭的地区的一角,受东海的影响最大,因此其一日交流圈面积最小;而南京位于内陆地区,且周边多为平原地带,地理因素最好,因此在三个城市中一日交流圈面积最大。

2. 结合高铁出行的一日交流圈

高速铁路的开通,给城市间交通出行的舒适性和便利性带来了显著的提升,也扩展了城市的交通联系范围。因此在划定城市的一日交流圈时,有必要将城市间的高铁线路也考虑在内。

将高铁线路纳入一日交流圈的计算后,上海市的一日交流圈(图 13-14)面积由仅计算公路出行的 $50\,157 km^2$ 扩张到 $61\,253 km^2$。高铁线路在城市间的交通时距上形成了一种"隧道"效果,高铁站之间的交通时距显著缩小,在高铁站周边形成新的发展极核,如图 13-14 中的南京、镇江、杭州、诸暨等城市的高铁站点。图中的黑色线为仅考虑公路出行的上海市一日交流圈,对比可以看出,高铁线路带来的扩展区域主要是沿沪宁线和沪杭线,南京、镇江、扬州、诸暨、义乌等城市进入上海的一日交流圈范围内。

南京市作为京沪线中间的一个重要城市,高铁线路对南京市带来的交通便

图 13-14　上海市结合高铁的一日交流圈范围

图 13-15　南京市结合高铁的一日交流圈范围

利性上的提升十分显著,其一日交流圈(图 13-15)面积由仅考虑公路出行时的 88 353km² 扩张到 114 641km²。京沪线上的宿州、徐州、曲阜、上海等城市进入到南京市的一日交流圈范围,南京与杭州间的高铁则将杭州市的大部分也纳入范围。其他城市如淮南、六安等也进入南京市的一日交流圈范围。由于高铁站点间的"隧道"效应,一日交流圈的飞地现象更加突出。

将高铁线路纳入计算后,杭州市的一日交流圈(图 13-16)面积由仅考虑公路出行时的 76 766km² 扩展到 90 710km²。其中南京市和衢州市是在原一日交流圈的边缘上向外蔓延,而滁州、上饶和台州三个城市高铁站的周边地区则成为飞地。从形态上来看,杭州市的一日交流圈主要向西北和西南两个方向呈线性的扩张。

图 13-16 杭州市结合高铁的一日交流圈范围

上海、南京、杭州三个城市整体来看,高铁带来的一日交流圈的扩张效果是显著的,高速铁路作为新兴的城市间公共交通工具,在将来城市间的交流中将发挥更大的作用。三个城市对比来看,南京市优越的地理区位使得其在沪宁杭三个城市中仍占有最大的一日交流圈范围。

14 上海城市生活中心体系的识别与势力圈划分

　　从整体上评估城市生活中心体系是城市空间结构研究的重点之一,也是总体规划的基础工作之一。但既有研究不多,传统统计数据缺乏洞察力限制了研究深度。在传统数据环境下,研究中心体系大致有两类途径:一类是从功能的角度,通过详细调查候选中心的功能与业态,制定指标体系来筛选、评估中心,例如宁越敏等[43]对上海市区商业中心的研究;另一类通过要素空间分布识别中心并评估,候选中心覆盖面更广,例如孙铁山等[44]利用经济普查数据,在街道尺度上识别了北京都市区就业中心体系。前者工作内容繁多,仅针对重点地区研究;后者受统计数据精度限制,识别的仅仅是可能包含中心的统计单元。

　　在大数据背景下,规划师对居民空间行为的洞察力大大提升,问题的关键在于可靠实用的中心识别方法。传统数据环境中应用的方法,如局部加权回归及其他优化的方法存在一定问题。随着数据的空间精度大大提高,采用传统方法识别的中心往往不及规划师直观观察结果。因此,我们提出一种简单、高效的局部回归识别方法,应用于手机信令数据,识别上海市域现状生活中心体系,并对结果进行等级划分,定量描述生活中心的等级分布特征,并根据手机数据反映的用户实际使用各中心的行为状况,划分各中心的势力圈。

14.1 城市中心体系识别方法

　　城市中心体系的研究源于中心地理论和图能-阿隆索(Thunen-Alonso)模型,在新古典经济学假设下,市场对(全局/局部)最优区位的竞争形成集聚,从而形成中心[45,46]。在"中心体系"语境下,中心具有等级性和局部性,是指要素分布密度显著高于周边区域且对周边要素分布有显著影响力的地区[47]。具体识别方法可分为参数法、半参数法和非参数法,由于参数法需要研究者非常了解对象城市以选择合适的函数形式和参数,普遍应用价值不高,因此国内外研究中识别方法的发展趋势以半参数和非参数方法为主。

　　在手机信令数据背景下,识别过程包括三步:首先,对数据进行预处理获得生活性出行交通起止点信息(origin-destination,OD);其次,利用目的地基站的空间分布,获得访问密度的空间分布;第三,利用局部简单线性回归识别中心。局部简单线性回归中,对每一个目标栅格单元 i 及其周边 R 范围①内的单元 j,计算其到单元 i 的距离(D_{ij}),并提取 j 处的访问密度值 Y_j,对 Y_j 和 D_{ij} 进行一元线性回归:

$$Y_j = W_1 \times D_{ij} + W_0 \quad j \in R \tag{14-1}$$

拟合获得 W_1、W_0、决定系数 R^2 三个系数。以 $W_1 < 0$ 且 $R^2 > 0.1$ 作为判断单元 i 是否符合中心定义的条件,即进行"直观考察"研究。$W_1 < 0$ 意味着 i 单元周边的要素分布呈"越靠近 i 单元值越高";$R^2 > 0.1$ 意味着以上分布关系具有一定的显著性②,换言之,单元 i 对周边要素分布有显著影响。

对所有栅格单元逐一进行局部回归和筛选后,符合条件的栅格单元即组成了中心及其边界。该方法本质是在识别局部曲面与理想的"山峰状"的相似程度(图 14-1),任何一个栅格单元只要满足以上条件,也即满足了中心的理论定义,即可纳入中心的边界内。

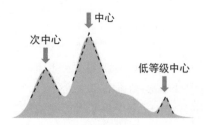

图 14-1 局部回归识别中心的剖面示意

14.2 研究数据及其预处理

本研究的研究数据是上海市 2014 年上半年连续 14 天的手机信令数据,为匿名形式。数据处理包括三步:首先,选择工作日每天 0:00—6:00 与其他记录点的距离和最小的点作为当天居住地,再用工作日(10 天)的居住地重复距离和最小法识别稳定居住地。对于多天识别居住地差异过大的用户,认为其没有稳

---

① 对合适半径的选择,采取贪心策略,事先认定必须识别为中心的点,然后从较小的半径逐步扩大搜索半径 R,最后选择认定的中心识别效果最好的结果。结果表明 R 在 1200m 左右效果较好。

② 以 0.1 作为决定系数门槛,考虑了相关系数(决定系数的平方根)一般在 0.3 以上认为具有中等相关性。本研究首先确定一些公认的商业中心,然后在多个阈值下对比这些商业中心的识别效果,发现在 0.1~0.2 之间差异不大,且 0.1 效果较好。

定居住地,为了尽可能保证识别与分析结果可靠,予以剔除。最后得出具有稳定居住地的用户752万人,可视为潜在通勤 OD,占同年上海常住人口的 31%。第二步,将每个用户每天的空间位置记录(居住地1000m 之外)按照临近关系以500m 为阈值进行凝聚层次聚类,划分为组,将组中心视为出行目的地。第三步,统计该用户去过每个目的地的频率和时长,将频率较低(去过天数小于等于2 天)且停留时长大于2小时的出行视为生活性出行[①],共提取其中双休日出行总计约 443.9 万条 OD 记录。

以上规则带有一定的演绎分析,与实际相比不可避免地存在误差,其中按街道单元居住地与人口普查数据比对,相关系数大于 0.9,表明结果可信度较高。以上识别的低频出行综合反映了市民的消费购物、休闲娱乐、游憩以及获取公共服务的出行,与城市生活中心对应,可以较好反映生活中心的发展情况。

通过基站位置估计人的空间分布,需要考虑不同地区基站的服务范围,一般来说基站较密集的地区用户到其连接的基站距离更小,因此采取经验半径区间进行核密度估计。参考相关文献后[48,49],半径区间取 500~1500m,分别对应中心城等基站分布密集的地区、郊区基站稀疏地区。半径以分位数映射于基站分布密度,例如分布最密集的前百分之一基站采用 500m 半径,其次的百分之一采用 510m 半径,以此线性映射。获得生活性出行访问密度后,基于前述方法识别上海市域的生活中心体系,共获得中心 185 个。识别的生活中心以只占市域3.6%的面积,集聚了 30.5%的生活出行量。

14.3 上海生活中心体系的识别结果

14.3.1 生活中心的等级划分

城市商业中心体系的研究表明,商业中心存在明显等级分布特征[43,50,51],生活中心显然类同。中心本质上是市场对最优区位竞争的产物,空间竞争带来客流集聚,客流密度越高,市场(中心)就能提供更高质量、更综合的生活服务。因此,以访问密度作为划分中心等级的依据。识别出中心后,统计各中心边界

---

① 该阈值中,"2 小时"是因为手机周期性更新信令的周期约 2 小时;"2 天"是根据 14 天内用户在居住地和工作地之外的任一地点重复出现的天数分布情况,选择与生活性出行较为贴近的"2 天及以下"部分。

内的到访人次平均密度,采用 K 均值法划分等级①。当划分了 5 个等级时,各等级中心的主要功能形成明显分异,总体分布与规划语境中的"市级中心""市级副中心""地区级中心""重点镇""一般镇"对应(图 14-2,图 14-3),且其中前三个等级的生活中心能提供更综合的生活服务(表 14-1),与经验较为相符②。下文中,考察等级 1—3 的生活中心时统称高等级生活中心;考察所有等级生活中心时统称全部生活中心。

图例
生活中心等级
● 1级
◉ 2级
○ 3级
◉ 4级
• 5级

图 14-2 上海城市生活中心体系等级空间市域分布

① 根据 K 均值聚类结果,剔除最低的一类(访问密度小于 900 次/km²,视为郊区农村地区的异常值)和面积小于 4hm²(由于栅格单元使用 200m×200m)的结果,并对个别非常接近的中心进行合并。
② 下文可以看到,根据访问密度划分的中心等级与《上海市商业网点布局规划(2013—2020)》较为相符,差别仅在个别中心的有无上。

图 14-3　上海城市生活中心体系等级空间中心城分布

表 14-1　高等级生活中心的功能统计

中心等级	个数	有地铁站的中心占比	有公园的中心占比	有商业综合体的中心占比	有商业广场的中心占比	有区级以上文体设施的中心占比
1	1	100%	100%	100%	100%	100%
2	9	100%	22%	67%	100%	100%
3	27	67%	33%	30%	89%	70%

14.3.2　生活中心等级空间分布特征

通过上述数据和识别方法,识别了上海各级生活中心及其边界。采用三角网①描述生活中心的空间分布(表 14-2):中心城高等级中心之间的平均距离约 4.4km,标准差为 2.5km;而在郊区平均距离为 19.0km,标准差为 7.2km。在基本生活服务语境下考察全部生活中心分布,郊区比中心城平均间隔距离仅增加 2km,标准差也仅增加了 2.6km 以上。可见市域范围低等级中心分布更为均衡,郊区高等级中心较为缺乏。

表 14-2 各等级生活中心在中心城和郊区的分布情况

生活中心等级		个数	三角网描述的平均距离(不包括崇明)	
			高等级生活中心	全部生活中心
1	市级生活中心	1	中心城:平均距离 4.4km,标准差 2.5km; 郊区:平均距离 19km,标准差 7.2km	中心城:平均距离 4.1km,标准差 1.8km; 郊区:平均距离 6.1km,标准差 4.4km
2	市级生活副中心	9		
3	地区级生活中心	27		
4	重点镇生活中心	35		
5	一般镇生活中心	113		

14.4 上海城市生活中心体系的现状评估

从服务距离、服务规模、规划校核三个方面简要评估生活中心体系。服务距离以到达时间为表征,在市域范围内评估生活中心的可达性。服务规模以势力圈为范围,评估各级生活中心服务的一般人口规模。规划校核以《上海市商业网点布局规划(2013—2020)》为对比,评估现状发展与规划的差距,同时侧面检验识别结果可靠性。

14.4.1 生活中心服务距离

城市规划的理想模式要求均衡的生活中心空间可达性,从而就近为居民提供便利的公共服务。例如:对于商业中心,《上海市商业网点布局规划(2013—2020)》提出"地区级商业中心服务于本区域及周边区域的消费人群……社区级商业中心服务半径 800~1000 米";对于生活服务设施,提出"构建 15 分钟社区宜居生活圈";对于公园,国外一些大都市规划提出 10 分钟步行可达,等等。

本研究评估各乡镇街道单元到达最近的高等级生活中心、全部生活中心所

---

① 三角网(TIN)具有空外接圆、接近正三角形等特征,相比其他方法更适合于描述点集的空间分布特征。采用 ArcGIS 生成的三角网在外接边界处会出现强行连接的边,描述分析中已予剔除。

需要的时间成本作为服务距离①。结果表明：对于高等级生活中心，大多数街道单元都能在 20 分钟内到达；仅有宝山北部、浦东东部、闵行东南部以及远郊的较多乡镇到达时耗在 20～30 分钟；大于 30 分钟的有浦东曹路镇和远郊边缘地区的乡镇（图 14-4）。对于全部生活中心，大多数街道单元都能在 10 分钟内到达；存在问题的主要是远郊乡镇，尤其是青浦西部和浦东东南部，到达时间在 20 分钟以上（图 14-5）。

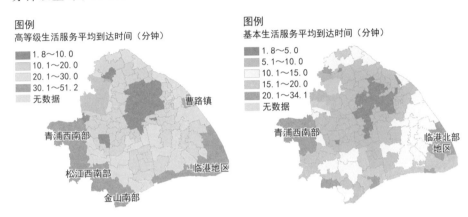

图 14-4　高等级生活中心的服务距离　　图 14-5　全部生活中心的服务距离

14.4.2　生活中心服务规模

不同等级生活中心服务的一般人口规模，是布局各级中心与公共服务设施、安排土地使用、协调道路交通系统的主要依据之一，规划实践中常主观设定或采用平均估计法，缺少详细实证研究的支撑。本研究考察生活中心势力圈范围内的人口规模。势力圈即中心地主要服务的空间范围[52]，本研究计算居民实际行为积聚的势力圈，每一个空间单元被归属于其居民前往频率最大的生活中心的势力圈范围。

具体步骤包括两步：首先，采取逐级比较分析，如等级 1—2、等级 2—3、等级 3—4 的中心依次比较分析，避免等级相差大的中心因势力圈差异过大失去意义。其次，剔除势力圈形态明显不符合"就近服务"原则的上海火车站、上海南站、龙柏等 16 个中心，这些特殊中心的布局原则不同于一般生活中心。最后，对剩余的市级副中心、地区级和重点镇生活中心（等级 2—4）进行势力圈分

---

①　本研究的到达时间均为理论计算的小汽车行车时间，仅作为统一分析的指标，与实际出行时间有所差异。

析(图 14-6),并统计各生活中心的服务范围及相应的人口规模,按生活中心等级汇总。统计结果见表 14-3。

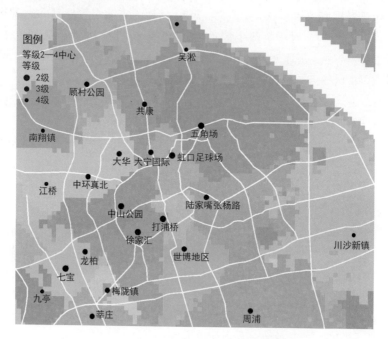

图 14-6 等级 2—4 部分中心的势力圈范围

表 14-3 高等级生活中心服务人口规模统计

生活中心 等级	总服务人口 (万人)	平均服务人口 (万人)	服务人口标准 差(万人)	最多服务人口 (万人)	最少服务人口 (万人)
市级副中心 (等级 2)	837	120	66	258(五角场)	55(打浦桥)
地区级中心 (等级 3)	935	62	24	113(陆家嘴 张杨路)	30(大宁国际)
郊区重点镇 (等级 4)	412	37	21	93(川沙新镇)	20(奉贤新城)

结果总结如下:首先,地区级生活中心服务总人口最多,是城市生活服务的最主要提供者。其次,市级生活副中心的平均服务人口达 120 万人,分别是地区级生活中心的约 2 倍、郊区重点镇的约 4 倍,呈梯度倍数关系。第三,等级越高的生活中心,服务人口的标准差也越大。地区级中心、郊区重点镇虽然等级

低(访问密度低),但在不同区位条件下(如周边其他中心较远)其势力圈服务人口可能高于市级副中心,例如川沙新镇等;而一些市级副中心虽然访问密度高,但由于竞争激烈,其势力圈服务人口可能出现低于地区级甚至重点镇的情况,如打浦桥等。

14.4.3　既有规划评估

《上海市商业网点布局规划(2013—2020 年)》(以下简称《规划》)在市域规划了 14 个市级商业中心,50 个地区级商业中心,其布局原则为"市级商业中心以城市总体规划确定的市级公共活动中心和综合性商业街区为主要空间载体,地区级商业中心与地区公共活动中心相结合,服务于本区域及周边区域的消费人群",其规划对象与本研究研究对象较为接近,可用本研究识别结果予以评估。

图 14-7　高等级生活中心与商业网点规划市域对比

157

图 14-8 高等级生活中心与商业网点规划中心城对比

二者对比评估(图 14-7,图 14-8)结果归纳为三部分:第一,有 13 个识别的生活中心在《规划》中被忽略,这些生活中心有着很高的访问密度,确实承担着高等级生活中心的功能,规划需考虑纳入。第二,有 12 个《规划》的商业中心未识别出,其中淮海中路、豫园、真如等 3 个不满足本研究对中心的定义,长风、曹家渡等 9 个生活服务能力较差,规划可考虑加强生活服务职能或剔除。第三,还有 14 个《规划》的商业中心在本研究中被划分为较低等级,尚处于发展过程中,需要各层次规划的进一步引导发展。另外,评估结果也表明,基于传统调研规划的商业中心总体上与本研究识别结果较为相符,也从侧面印证了本研究的识别方法(表 14-4)。

表 14-4　识别的高等级生活中心与《规划》详细对比

等级		个数	名称	规划	识别结果	差异解释
1	市级生活中心	1	南京东路	有	有	/
2	市级生活副中心	7	徐家汇、静安寺(南京西路)、五角场、中山公园、打浦桥、七宝、松江老城	有	有	/
		2	虹口足球场、上海火车站(包括苏河湾)	无	有	确实承担着生活中心的作用
		4	淮海中路、豫园、真如	有	无	不满足本研究对中心的定义
3	地区级生活中心	16	陆家嘴－张杨路、中环(真北)、大宁国际、大连路－控江路、莘庄、长寿路、松江新城、共康、青浦老城、南方商城、嘉定新城、惠南镇、北中环(大场)、世博地区、顾村公园、天山路	有	有	/
		11	曹杨路、大华路、桂林路漕宝路、市光路、延吉中路、上海南站、龙柏、闵行体育公园、周浦镇、奉贤老城、沪西医院	无	有	确实承担着生活中心的作用
		14	中心城:塘桥、杨浦滨江、新虹桥 郊区:嘉定新城、南翔、淞宝、外青松、松江国际生态商务区、奉贤环金海湖、泥城、南汇、唐镇、金山新城北、金山滨海	有	低等级	生活中心尚在发育
		3	中心城:四川北路、北外滩、南外滩	有	无	不满足本研究对中心的定义
		9	中心城:长风、曹家渡、前滩、徐汇滨江 郊区:唐镇、外高桥、远香湖、江川、颛桥	有	无	生活中心发展基础较差

14.5　结论与讨论

本研究探索了基于手机信令数据的城市中心体系的识别与评估方法,从访问集聚程度、功能统计、规划对比等方面可判断,识别结果具有较高的准确性。从三个方面开展评估,主要评估结论与规划建议总结如下:

(1)在服务距离方面,郊区高等级生活中心较欠缺,可引导金山新城、川沙新镇、曹路镇、老闵行地区的生活服务功能提升能级,培育成高等级生活中心;引导青浦西部的朱家角、金泽、练塘等镇单元的生活服务功能进一步集聚。

(2)在服务规模方面,市级生活副中心、地区级生活中心的具体选址可分别将服务人口 120 万人、60 万人作为参考依据。

(3)在中心城范围内,建议可优先考虑共康、中环真北、世博地区、陆家嘴张杨路等 4 个生活中心;若在近郊区选址,可优先考虑顾村公园、七宝、莘庄、周浦等 4 个生活中心。对既有规划的评估;建议纳入虹口足球场等 13 个生活中心;建议进一步研究未识别出的 16 个中心,判断是否确实承担着中心的职能;需考虑是否保留前滩、徐汇滨江等 9 个"中心"作为规划引导的重点。

本研究提出的中心识别方法与手机信令数据的空间覆盖全、精度高的特点紧密相关,在其他数据情景下适用性需要更多验证。通过理论势力圈与实际势力圈的比较进一步揭示中心的发展趋势,解释人口密度和中心可达性之间存在的幂次关系,利用手机数据划定的实际势力圈对理论模型进行修正,划分出生活中心的类型及居民出行详细特征。研究可以为总体层面的规划提供有力支撑,但就具体生活中心的详细规划而言,传统规划调研的方法仍然不可或缺。另外,本研究在划分生活中心等级时采取密度单一因子,尚待进一步研究完善。

附录

附录 A HAP.net 系统的操作方式

HAP.net 是分析城市势力圈的专用系统。正常的运行环境需要安装 Microsoft Visual Basic 6.0（完全安装），AutoCAD2002（完全安装），以及 Microsoft Excel 软件。

HAP.net 系统的操作过程可分为 4 个部分：HAP.net 的启动、数据输入、参数设定、计算与输出。

A1 HAP.net 的启动

1. 启动步骤

启动 Windows，双击"城镇势力圈（网络）分析系统"图标，进入 HAP.net 窗口（图 A1）。

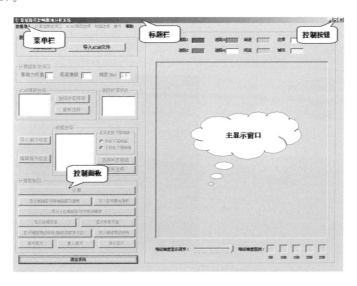

图 A1 HAP.net 系统的窗口

2. HAP.net 窗口介绍

标题栏：窗口的顶部是标题栏，标题栏的右端有 3 个按钮：最小化、最大化（已禁用）和关闭，点击按钮可以最小化或关闭窗口。

161

菜单栏：标题栏下是主菜单栏。主菜单栏上共有 6 个选项：数据导入、计算指数选择区、ACAD 障碍选择、城镇选择、操作和帮助。未激活的菜单显示为灰色。

控制面板：主菜单栏左下是控制面板，允许用户设定参数、选择输出内容。

主显示窗口：主菜单栏右下是 HAP.net 的主显示窗口，显示相关输出结果。

A2 数据输入

HAP.net 运行所需数据包括空间信息、城市信息两部分，分别从 CAD，Excel软件输入，为确保 HAP.net 系统需要的软件环境，保证系统运行的可靠性，HAP.net 提供了一个测试连接功能。因此，数据输入包括测试连接、空间信息导入、城市信息导入三部分。

1. 测试连接

点击"测试连接"按钮后，系统将检测所需软件环境，检测过程需要 1～2 分钟，连接检测后，系统提供测试成功信息如图 A2 所示；如未出现图 A2 信息，那么应加载 CAD，Excel 软件的相应功能或重新安装软件。

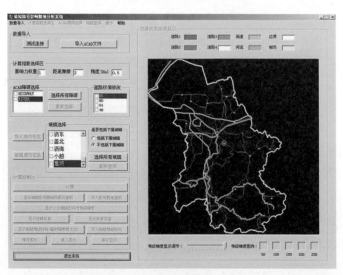

图 A2 导入空间数据和城市数据后的 HAP.net 界面

2. 导入空间信息

空间信息从 AutoCAD 导入系统。HAP.net 系统从 AutoCAD 提取图元信息,然后重新整合。整合过程由系统在后台完成,因此 AutoCAD 文件需符合一定要求。

(1) 图层命名与属性设置见表 A1。

表 A1　AutoCAD 图层设置

图层属性	图层名	CAD 属性
边界层	BORDER	闭合多段线(Polyline)
区域层	REGION	多段线(Polyline)
道路层(层名即道路速度)	参见表 A2	多段线(Polyline)
城市层	CITY	点(Point)、圆(Circle)
河流层	RIVER	闭合多段线(Polyline)
高速道路层	HIGHWAY	多段线(Polyline)

HAP. net 系统计算最短路径时采用平均交通时速,忽略个体行为的差异。由于每一条道路的路况、交通量、坡度以及天气等原因都会影响行车速度,研究时难以把握,为简单起见,各级公路平均时速定义为乘以一个折减系数的相应道路等级的设计车速,表 A2 是各种等级道路的设计车速乘以 0.8 的折减系数的结果。

考虑到高速公路的封闭特征,它既是城市间联系的通道,在某种情况下也构成一种空间障碍,因此在绘制 AutoCAD 时应将其单独设层。

表 A2　道路计算速度(单位:km/h)

等级	高速公路	一级道路	二级道路	三级道路	铁路
计算时速	96	80	64	48	80

道路层的层名必须以该层道路的计算时速命名,这样系统在读取 Auto-CAD 信息时就可以直接将计算时速读入界面中的道路参数信息框中,在进行势力圈计算之前,用户可以在界面上根据需要对计算时速进行修改。

(2) 在 AutoCAD 中绘制的道路必须为直线或直线段,不同道路相交时在交叉点处必须断开。但是,当一条高速公路与一般公路相交时,如果该交点处没有互通口,则不需要断开。

(3) 道路与边界相交时,边界上必须有与交点重合的端点。

(4) 区域边界必须与道路边界重合。

按照以上规则绘制的 AutoCAD 图可以直接导入 HAP. net 系统。主显示窗口将显示 CAD 文件,表明成功导入空间信息,同时,控制面板的"导入城市信息""编辑城市信息"选项被激活（图 A2）。

3. 编辑和导入城市信息

1）编辑城市信息

首次使用 HAP. net 系统计算时，需要编辑城市信息。

点击"编辑城市信息"按钮，城镇选择区的城市列表激活，添加城市信息。此时，原"编辑城市信息"按钮变为"保存城市信息"按钮。

依次双击城市列表中的每个城市项目，主显示窗口以红色圆圈标识出城市的相应位置。弹出城市信息输入编辑框。

用户在"城市名称"和"镇区人口"文本框中输入相应的城市信息，按"确定"，城镇选择区中的城镇列表相应选项显示输入信息。当城市信息全部输入完毕后，点击"保存城市信息"按钮，系统跳出保存文件的对话框。用户选择路径和文件名保存城镇基本信息后，系统将刚刚导入的 CAD 图形有关城市信息写入 Excel 表格。再次对同一城镇进行操作时，用户只需直接导入此 Excel 文件即可进行操作。

"编辑城市信息"完成、保存后，用户导入同一 CAD 图形后不需要再次编辑，可直接导入城市信息。

2）导入城市信息

如果已经编辑保存过相应的城市信息 Excel 文件，直接导入城市信息即可。点击"导入城市信息"按钮，弹出打开文件对话框。选择 CAD 图相应的城市信息 Excel 文件；点击"打开"，城镇选择区的城镇列表中显示导入的城镇信息；控制面板的相关选项被激活，"精度值"是系统为保证计算效率的建议精度。在编辑或导入城市信息之前，控制面板内各项功能都处于未激活状态。

A3 参数设定

导入基本的数据后，用户可以根据实际情况设定一些计算的参数。

计算指数选择区：精度设定影响显示的精确程度，也影响计算速度。

CAD 障碍选择：用户选择计算过程中是否考虑障碍或考虑哪种障碍。

道路权值设定：该区域设定某级道路的速度。需要设定哪一级公路则点击哪一级公路。系统会提示用户输入道路速度。

城镇选择：用户根据需要计算的城市进行选择。

A4 计算与输出

设定计算参数后，点击计算控制区中的"计算"按钮，系统将根据用户的选择以图形中各点到城市的最短路径为依据,计算出所选城市的势力圈、等级梯度等信息。计算过程需 2~3 分钟,进度条上的百分比显示计算的进度。

计算完成后,点击计算控制区中的不同显示按钮,可从主显示窗口显示相应输出结果(图 A3—图 A8)。其中,图 A6"显示上位城镇影响力等级梯度"的整体明暗程度可通过主显示窗口下方的"等级梯度显示调节"滑动条进行调节,"等级梯度图例"对应相应色区的城镇等级。

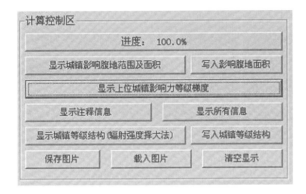

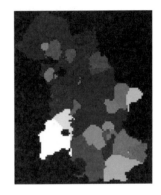

图 A3　HAP. net 系统的计算进度、输出结果选择　　　图 A4　显示城镇势力圈

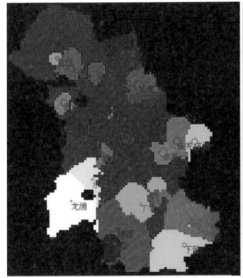

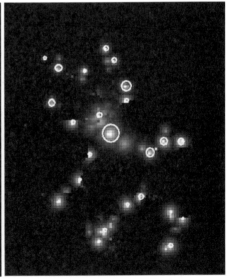

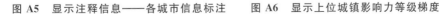

图 A5　显示注释信息——各城市信息标注　　　图 A6　显示上位城镇影响力等级梯度

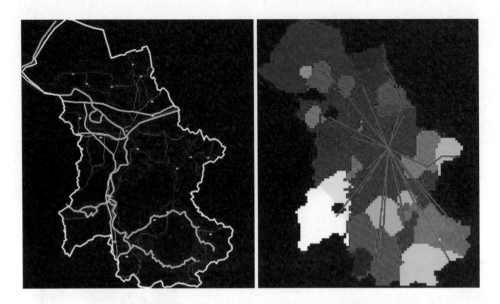

图 A7　显示所有信息　　　　　图 A8　显示城镇等级结构

附录 B　HAP. net 系统的设计说明

B1　运行环境

HAP. net 的运行对硬件环境没有特定要求,更高的配置将提升运算速度,但是需要 Microsoft Visual Basic 6.0(完全安装)、AutoCAD2002(完全安装)以及 Microsoft Excel 软件支持。

B2　处理流程

HAP. net 运行包括数据输入、参数设定、计算、输出四部分,处理流程图如图 B1 所示。

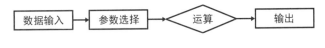

图 B1　HAP. net 系统的处理流程

(1) 数据输入,包括空间信息、城市信息两部分。系统导入按固定格式绘制的 AutoCAD 图纸,获取道路、城市、区域等图元的空间坐标信息。并将城市(点)坐标存入 Excel 文件,供用户进一步编辑。得到空间信息后,编辑或导入详细的城市信息,如城市名称、人口等。

(2) 参数选择,用户根据需要选择相应参数、选择参与运算的城市。

(3) 提交运算,系统计算最短路径、势力圈、城镇等级,等等。

(4) 选择显示结果、输出。

B3　模块结构

HAP. net 包括 6 个模块:2 个输入模块、1 个最短路径模块、3 个分析模块,不同模块之间关系如图 B2。

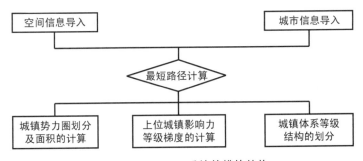

图 B2　HAP. net 系统的模块结构

1. 空间信息导入模块

空间信息导入模块实现系统与 AutoCAD 文件的连接与数据传输,进行系统与 Excel 文件之间的连接与读写,完成 AutoCAD 二维数据的导入,然后系统将 AutoCAD 数据存入变量,并将城市空间数据写入 Excel 文件,供用户输入其他的城市相关信息(图 B3)。

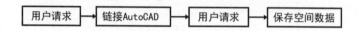

图 B3 空间信息导入模块的基本流程

本模块功能由如下函数的实现。

IMPORT_ACAD_Click ()

〔

Call ACADOpen(File_Path) 打开 ACAD 文件

　　Call borderRead　　　　　读取边界信息

　　Call pointRead　　　　　读取城市信息

　　Call XlsLink　　　　　连接 Excel 文件

　　Call WriteCityInfoToXls　写入城市数据信息到 Excel 文件

Call region Read　　　　　读取区域信息

Call barrier Read (river Barrier, numRi, "RIVER")　读取河流信息

Call barrierRead (highway Barrier, numH, "HIGHWAY") 读取高速信息

2. 城市信息导入模块

获得城市空间信息后,用户加入详细的城市信息后,再导入城市信息,并将城市名称等显示于列表中,供用户选择;本模块功能由如下的函数实现。

　　cmdImportCity_Click ()

3. 最短路径计算模块

两点之间的最短距离包括点到区域距离、道路距离两部分,因此,本模块包括 3 个子模块。如图 B4,计算 A,B 两点的最短距离需先判断 A,B 点在 10 个区域中的哪一个,然后计算点到区域的距离、道路距离,从路径集合中找出最短路径,考虑不同道路的权值(在本系统中,由于道路的不同,运行速度的差异造成道路等级的不同)。

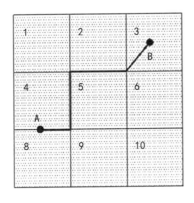

图 B4　最短路径计算

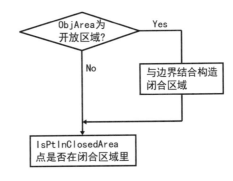

图 B5　区域判断

本模块由以下函数实现。

Function threeSum(cityroute As routeNode, gridroute As routeNode) As Single

1) 判断点是否在某一区域内

对于研究边界内的任意有效的一点,需要判断该点所在的区域,并相应计算出其出口点数和距离;采用如下函数。

Function IsPtInArea(pt As point, objArea As Area) As Integer

AutoCAD 绘制的区域分为闭合区域、开放区域两类。根据 Area 类型中 isClosed 属性判断区域是否为闭合区域,如果不是,则结合边界信息,将其构造成闭合区域予以计算(图 B5)。点是否在闭合区域的判断方法:求过点的射线与多边形区域的交点个数,若为奇数则在内部,若为偶数则在外部。如果碰到与区域的顶点相交,则左闭右开(上闭下开)。详细讲解参考《计算机图形学》中关于多边形算法。即:如果区域边在交点左侧,那么该点计入相交的个数,否则不然。

2) 区域内点到道路的路径

点到多边形边的路径,因多边形定点数的不同而各异,其总数最多为多边形点数的两倍,即该点到多边形定点的线段和该点到各边的垂直线段;如果存在障碍,如河流,高速公路等,则认为该路径不存在,排除这些障碍后,剩余的路径即为有效的路径,得到该路径。

采用如下函数:

Function NodeAndDistance(pt As point, inArea As Area, j As Integer, PtInArea As Integer) As routeNode

Public Type routeNode　'需计算路径的区域节点(包括垂点)类型

```
numNode As Integer        该区域需要计算节点的个数、垂点和顶点总数
nodeArray() As Node       节点的坐标以及与目标点的距离数组
End Type
```

3)道路网络两节点之间的最短路径

算法基本思想[①]:

已知图 $G=(V,E)$，$v=\{v_1,\ v_2,\cdots,\ v_n\}$ 及距离矩阵 $D=(d_{ij})_{n\times n}$，

$$d_{ij}=\begin{cases}(v_i,v_j)的长度 & 若(v_i,v_j)\in E\\ 0 & 若v_i=v_j \quad i,j=1,2,\cdots,n\\ \infty & 其他\end{cases}$$

设矩阵 $A=(a_{ij})_{n\times n}$，$B=(b_{ij})_{n\times n}$，定义矩阵运算如下：

$$C\triangleq A\times B=(c_{ij})_{n\times n}$$

其中，$c_{ij}=min\{a_{ik}+b_{kj}\}$，$i,\ j=1,\ 2,\ \cdots,\ n$

令 $D^{(1)}=D,D^{(k+1)}=D^{(k)}+D^{(1)}$。

显然，$D^{(2)}=(d_{ij}^{(2)})$，$d_{ij}^{(2)}=min\{d_{ik}+d_{kj}\}$，表示从 v_i 出发经过某一中间点到达点 v_j 的最短距离。同样，$d_{ij}^{(3)}$ 表示经过两个中间点到 v_j 的最短距离。

具体实现：

本系统中用数组 ptRoadArray() 表示了图的节点集合。以导入的道路信息初始化 D。参见 d_{ij} 的初始化规则。

三层循环:(假设有 n 个节点,即 ptRoadArray 维数为 n)

【k 从 1 到 n 作

　　【i 从 1 到 n 作

　　　【j 从 1 到 n 作

　　　　$d_{ij}=min\{d_{ij},\ d_{ik}+d_{kj}\}$】】】

4. 显示输出模块

显示城镇势力圈的函数:cmdDisplayHinderLand_Click()。

显示影响等级梯度的函数:cmdDisplayMaxInfluence_Click()。

显示影响等级结构的函数:cmdDisplayStructureA_Click()。

---

① 该算法参考《计算机算法导引——设计与分析》,卢开澄,编著,清华大学出版社,1996。

参考文献

[1] 陈联，蔡小峰.城市腹地理论及腹地划分方法研究[J].经济地理，2005，25(5)：629-631.

[2] 潘竟虎，石培基，董晓峰.中国地级以上城市腹地的测度分析[J].地理学报，2008，63(6)：635-645.

[3] 周一星.论中国城市发展的规模政策[J].管理世界，1992(6)：160-165.

[4] 顾朝林，刘志红.济南城市经济影响区的划分[J].地理科学，1992(1)：15-26.

[5] 隆国强.确定城市吸引范围方法的进一步探讨[J].城市问题，1988(1)：12-16.

[6] 牛慧恩，孟庆民，胡其昌，等.甘肃与毗邻省区区域经济联系研究[J].经济地理，1998(3)：51-56.

[7] 张莉，陆玉麒.河北省城市影响范围及空间发展趋势研究[J].地理学与国土研究，2001，17(1)：11-15.

[8] 郑国，赵群毅.城市经济区与山东省区域经济空间组织研究[J].经济地理，2004，24(1)：8-12.

[9] 陈田.我国城市经济影响区域系统的初步分析[J].地理学报，1987(4)：308-318.

[10] 谭成文，杨开忠，谭遂.中国首都圈的概念与划分[J].地理与地理信息科学，2000，16(4)：1-5.

[11] 许学强，周一星，宁越敏.城市地理学[M].高等教育出版社，1995.

[12] 陕西师范大学.人文地理精品课程教案：行为地理学[EB/OL].2008[2016-07-17].http://rwdl.snnu.edu.cn/Article/ShowArticle.asp? ArticleID=107.

[13] [美]BERRY B J L，PARR J B.商业中心与零售业布局[M].王德，等，译.上海：同济大学出版社，2006.

[14] 杨吾扬.高等经济地理学[M].北京：北京大学出版社，1997.

[15] 周一星.城市地理学[M].北京：商务印书馆，1995.

[16] 顾朝林，刘志红，万利国.济南城市经济影响区的划分[J].地理科学，1992，12(1)：15.

[17] 王德，赵锦华.城镇势力圈划分计算机系统的开发研究与应用：兼论势力圈的空间结构特征[J].城市规划，2000(12)：37-41.

[18] 王德，郭洁.乡镇合并与行政区划调整的新思路和新方法[J].城市规划学刊，2002(6)：72-75.

[19] 王德，郭洁.沪宁杭地区城市影响腹地的划分及其动态变化研究[J].城市规划汇刊，2003(6)：6-11.

[20] 王德，程国辉.我国省会城市势力圈划分及与其行政范围的叠合分析[J].现代城市研

究，2006，21(6)：4-9.

[21] 王德，项晃.中心城市影响腹地的动态变化研究[J].同济大学学报：自然科学版，2006，34(9)：1175-1179.

[22] 周一星，于艇.对我国城市发展方针的讨论[J].城市规划，1988(3)：33-36.

[23] 刘君德，周克瑜.中国行政区划的理论与实践[M].上海：华东师范大学出版社，1996.

[24] 禚振坤.区划调整研究初探：以泰州为例谈江苏省的乡镇撤并[J].规划师，2001，17(4)：94-97.

[25] JAKOBSSON A. Revision der Gemeindeeinteilung in Schweden [J]. Raumforschung und Raumordnung, 1964, 22: 182-187.

[26] 俞燕山.我国城镇的合理规模及其效率研究[J].经济地理，2000，20(2)：84-89.

[27] ［德］沃尔特·克里斯塔勒.德国南部中心地原理[M].常正文，王兴中，等，译.北京：商务印书馆，1998.

[28] 王法辉，金凤君，曾光.区域人口密度函数与增长模式：兼论城市吸引范围划分的 GIS 方法[J].地理研究，2004，23(1)：97-103.

[29] 尹虹潘.对城市势力圈范围界定的理论分析[J].财经研究，2005，31(11)：108-114.

[30] 顾朝林.中国城市经济区划分的初步研究[J].地理学报，1991，46(2)：129-141.

[31] 类淑霞，叶兰，郝晋珉.基于城市引力模型的城市空间发展方向选择：以山东省潍坊市为例[J].国土资源情报，2010(9)：18-22.

[32] 赵雷，华楠.城市空间发展方向选择的层次分析方法[J].山东建筑工程学院学报，1996，11(3)：36-40.

[33] 吴志强，史舸.城市发展战略规划研究中的空间拓展方向分析方法[J].城市规划学刊，2006(1)：69-74.

[34] POSTMA T J B M, LIEBL F. How to improve scenario analysis as a strategic management tool? [J]. Technological Forecasting & Social Change, 2005, 72: 161-173.

[35] 宗跃光，徐建刚，尹海伟.情景分析法在工业用地置换中的应用：以福建省长汀腾飞经济开发区为例[J].地理学报，2007，62(8)：887-896.

[36] 陈鹏.新城市引力模型下辽宁省城市圈的划分[J].辽宁工程技术大学学报(社会科学版)，2006，8(2)：139-141.

[37] 周一星.主要经济联系方向论[J].城市规划，1998，22(2)：22-25.

[38] 朱才斌.现代区域发展理论与城市空间发展战略：以天津城市空间发展战略等为例[J].城市规划学刊，2006(5)：30-37.

[39] 周家骧.上海城市发展方向的一次大讨论[J].城市规划，1999，23(10)：15-16.

[40] 加藤晃.都市计划概论[M].东京：共立出版社，1990.

[41] 王德，刘锴，耿慧志.沪宁杭地区城市一日交流圈的划分与研究[J].城市规划学刊，2001(5)：38-44.

[42] 王德，刘锴.上海市一日交流圈的空间特征和动态变化研究[J].城市规划学刊，2003(3)：3-10.

［43］ 宁越敏，黄胜利.上海市区商业中心的等级体系及其变迁特征［J］.地域研究与开发，2005（2）：15-19.

［44］ 孙铁山，王兰兰，李国平.北京都市区人口—就业分布与空间结构演化［J］.地理学报，2012（6）：829-840.

［45］ 赵燕菁.空间结构与城市竞争的理论与实践［J］.规划师，2004（7）：5-13.

［46］ CHRISTALLER W. Central places in southern Germany［M］.［S. I.］：Prentice-Hall，1966.

［47］ MCMILLEN D P. Nonparametric employment subcenter identification［J］. Journal of Urban Economics，2001，50（3）：448-473.

［48］ 丁亮，钮心毅，宋小冬.上海中心城就业中心体系测度——基于手机信令数据的研究［J］.地理学报，2016（3）：484-499.

［49］ BECKER R A，CACERES R，HANSON K，et al. A tale of one city：using cellular network data for urban planning［J］. Pervasive Computing IEEE，2011，10（4）：18-26.

［50］ 王德，张晋庆.上海市消费者出行特征与商业空间结构分析［J］.城市规划，2001，10：6-14.

［51］ 仵宗卿，戴学珍.北京市商业中心的空间结构研究［J］.城市规划，2001，10：15-19.

［52］ 王德，郭洁.高速公路建设对长三角城市势力圈的影响分析——城镇势力圈（网络）分析系统的开发与应用［J］.城市规划学刊，2011（6）：54-59.

［53］ CRAIG S G，NG P T. Using quantile smoothing splines to identify employment subcenters in a multicentric urban area［J］. Journal of Urban Economics，2001，49（1）：100-120.

［54］ GIULIANO G，SMALL K A. Subcenters in the Los Angeles region［J］. Regional Science & Urban Economics，1991，21（2）：163-182.

［55］ GORDON P，RICHARDSON H W，WONG H L. The distribution of population and employment in a polycentric city：the case of Los Angeles［J］. Environment & Planning A，1986，18（2）：161-173.

［56］ 蒋丽，吴缚龙.广州市就业次中心和多中心城市研究［J］.城市规划学刊，2009（03）：75-81.

［57］ MCMILLEN D P，SMITH S C. The number of subcenters in large urban areas［J］. Journal of Urban Economics，2003，53（3）：321-338.

［58］ MCMILLEN D P，MCDONALD J F. Suburban subcenters and employment density in metropolitan Chicago［J］. Journal of Urban Economics，1998，43（2）.

［59］ MCMILLEN D P，MCDONALD J F. A nonparametric analysis of employment density in a polycentric city［J］. Journal of Regional Science，1997，37（4）：591-612.

［60］ REDFEARN C L. The topography of metropolitan employment：Identifying centers of employment in a polycentric urban area［J］. Journal of Urban Economics，2007，61

(3)：519-541.

[61] 谷一桢，郑思齐，曹洋.北京市就业中心的识别：实证方法及应用[J].城市发展研究，2009(09)：118-124.

[62] 钮心毅，丁亮.利用手机数据分析上海市域的职住空间关系——若干结论和讨论[J].上海城市规划，2015(2)：39-43.

[63] 任荣荣，郑思齐，王轶军.基于非参数估计方法的土地价格空间分布拟合与分析[J].清华大学学报(自然科学版)，2009(3)：325-328.

[64] 王德，王灿，谢栋灿，等.基于手机信令数据的上海市不同等级商业中心商圈的比较——以南京东路、五角场、鞍山路为例[J].城市规划学刊，2015(3)：50-60.

[65] 王德，钟炜菁，谢栋灿，等.手机信令数据在城市建成环境评价中的应用——以上海市宝山区为例[J].城市规划学刊，2015(5)：82-90.